思想觀念的帶動者

文化現象的觀察者

本土經驗的整理者

生命故事的關懷者

120 第二篇　充滿好奇的小東西・1歲寶寶

122 介紹

125 第一章・一歲寶寶學會什麼？

126 學講話

134 勇敢地踏出第一步

141 第二章・一歲寶寶探索什麼？

142 發展好奇心

148 家家有本難唸的經

150 單親家庭的難處

152 雙親家庭的優勢

156 吃飯時間到囉！

161 第三章・一歲寶寶在想什麼？

162 想知道「我是誰？」

164 手足排行各有各的優點

165 新弟弟或新妹妹會不會搶走媽咪？

169 寶寶有主見了

173 家有噴火龍

178 第四章・一歲寶寶需要什麼？

179 需要媽咪陪在身邊

184 親密關係的愛與苦

189 規律生活是寶寶的好朋友

目錄

196 第五章・一歲寶寶的社交生活

197 外面世界真奇妙

203 到不同的團體認識新朋友

207 以積極樂觀的態度迎接未來

212 第三篇 想獨立的小傢伙・2歲寶寶

214 介紹

217 第一章・做自己的小主人

218 開始思考為什麼？

220 「我做得到」

223 「不要」

226 到處惹麻煩

228 父母扮演安定的力量

230 第二章・學習照顧自己

231 自己吃東西

234 獨自睡覺

237 自己上廁所

239 有時像大小孩，有時又像baby

243 第三章・建立自己的人際王國

244 父母是生命中最重要的人

245 如何同時愛媽咪和爹地呢？

247 「媽咪，妳什麼時候生小貝比？」

251 手足朋友之間的互動與霸凌

256 家庭以外的社交圈

259 **第四章‧陪伴小小孩成長**

260 透過「玩」學習思考和探索感覺

263 鼓勵閱讀

265 選擇玩具越簡單越好

265 幫助小小孩面對恐懼及惡夢

267 用簡單話語和小小孩溝通

269 利用電視來照顧小小孩，好嗎？

271 做個稱職的大人

274 **第五章‧了解小小孩的內心世界**

275 父母一輩子的功課

276 脫序行為的背後隱藏著擔憂

279 孩子行為和環境改變有關係

281 爸比媽咪，我有煩惱

282 大人是孩子的支柱

283 兩歲兒發展差異很大，別擔心

【推薦序】

成長與陪伴

林玉華（輔仁大學醫學院臨床心理學系教授）

自1920年成立以來，塔維斯托克（Tavistock）診所〔註1〕的發展深受精神分析的影響，將近一世紀塔維斯托克診所對於心理健康服務之推動，以及訓練心理治療師的貢獻享譽全球，目前已經成為英國最大的心理健康專業人員訓練機構，提供家醫科醫師、精神科醫師、精神科社工、精神科護士、育嬰工作者、教育心理師、臨床心理師以及心理治療師，高品質的訓練課程及學位學程。除此之外，塔維斯托克診所也根據其精湛的臨床和諮詢經驗以及研究結果，推出系列叢書，藉此增進心理相關專業人員對於各年齡層的個案，在心理健康領域各個層面的理解與介入。「了解你的孩子」（Understanding your child）系列叢書由一群在塔維斯托克診所／中心受訓過的臨床工作者或督導們執筆〔註2〕，根據他們的臨床經驗與反思，提出了對於嬰幼兒的心智世界以及親子關係的獨到見解。

　　本書並未嘗試提供父母親關於嬰兒生理成長的知識或育嬰法則，亦未試圖針對幼兒的教育問題給予具體的建議。本書的作者

群們都曾經受過精神分析或是精神分析導向心理治療的訓練，因此他們的反省主要在於陳述嬰幼兒內心世界的發展，特別是一個人從受胎、嬰兒、幼兒到學齡期與主要照顧者之間所發展出的錯綜複雜的關係，例如嬰幼兒與父母親之間的情緒經驗、這些強烈的情緒經驗如何彼此傳遞，以及這些情緒之間的相互作用如何影響嬰幼兒內心世界的發展；隨著嬰兒的長大，小孩變得越來越獨立，也越來越有自己的想法與主見時，父母親所面臨的情緒震盪與抉擇，以及嬰兒作為一個獨立個體，他與父母親彼此之間的交錯動力如何再度展開。

許多初為人母者，可能對於正在孕育中，以及即將誕生的嬰兒懷有許多的幻想與情緒。嬰兒出生時的慌亂及其可能伴隨而來的失落感，以及嬰兒誕生之後的強烈情緒及其必須立刻被滿足的要求，可能都會使初為人母者感到驚愕與措手不及。當嬰兒漸漸長大，父母親也必須不斷適應嬰兒的變化、自己複雜的情緒變遷以及隨之而來的層層挑戰。有些父母親會因為小孩的日漸獨立而如釋重負，並重新找回自己的立足點，有些則會發現隨著嬰兒的成長，自己卻處在難忍的失落中；另有一些父母則無視於孩子的變化，而繼續沉溺在彼此掛勾的情感依附之中。

二十年前，我為了接受精神分析導向心理治療的訓練，開始進行觀察嬰兒，其中有一段嬰兒剛滿一歲時的情景以及母親的對話，現在回憶起來仍然歷歷在目。我去觀察的那一天，剛好看到嬰兒開始學習扶著床邊走路。母親坐在地上滿意地看著嬰兒搖搖

擺擺地從床沿的這一端往另一端走，走著走著，母親突然開玩笑地對嬰兒說：「你真的要走啦？可是你忘了帶尿布喔。」順著母親的提醒，嬰兒面無表情地扶著床沿往回走，這時我和母親都會心地笑了。母親將放有尿布的背包放在嬰兒雙肩上。嬰兒背著背包又繼續扶著床沿往另一端走。嬰兒走到半路，母親又提醒嬰兒尚未帶奶瓶。嬰兒再次面無表情地扶著床沿往回走，母親將奶瓶放入嬰兒的背包中，嬰兒背著裝有民生用品的背包，再次展開他的旅程。這時母親臉上滿意與驕傲的表情，突然收斂了起來，帶著感嘆的語氣跟我說：「你看，他這樣走著走著，有一天，他就會這樣走出去，再也不需要我了！」這一幕描繪了母親看著一歲的嬰兒漸漸能掌握自己的四肢時的感受，雖然一歲的嬰兒離變成一個獨立自主的人還有一段不短的距離，但是看著嬰兒漸漸能運用自己的四肢做自己想做的事，已經讓一位母親在心中揣摩著孩子獨立之後的樣子，以及自己在孩子獨立之後的位置。

費來堡（Fraiberg）的古典文獻「育嬰室裡的陰魂」（Fraiberg, Adelson & Shapiro, 1975），闡述父母親未處理好的過去，如何在嬰兒誕生時會再次像陰魂一樣籠罩在育嬰室，影響著父母親對於嬰兒的想像與看法以及母—嬰的互動關係〔註3〕。嬰兒的情緒勾引出父母的情緒，而父母親自己的早期經驗又反過來影響著他們對於嬰兒情緒的解讀與反應，如此嬰兒與父母之間錯綜複雜的情緒環環相扣，要找出這之間的繫鈴者，已非易事，這鈴要怎麼解，更是一門大學問。

「了解你的孩子」系列叢書不一定可以提供您所要的答案，但是一定可以幫助您了解您自己和您的小孩。

〔註解〕

註1：第一次世界大戰之後，Hugh Crichton-Miller，一位神經學醫師，建基在來自維也納的心理學，針對震彈症(shell-shock)和神經症的退伍軍人研發出一套心理治療法。之後在Crichton-Miller醫師的鼓吹之下，於1920年催生了塔維斯托克醫學心理學院（亦即目前的塔維斯托克診所／和訓練中心），從此展開對於一般民眾的心理治療服務以及針對心理治療相關專業人員的訓練。除了精神分析導向心理治療之外，近五十年來也陸續推展出短期動力導向心理治療、系統家庭治療，以及團體治療等多樣化的心理治療模式。至今該中心每年提供超過六十種不同的訓練課程，每年訓練出約一千七百名專業人員。塔維斯托克診所直至今日仍是精神分析導向心理治療師的訓練重鎮，領軍的位置依然屹立不搖。

註2：「了解你的孩子」系列叢書的作者群當中，有一半以上曾經是我在塔維斯托克受訓時的老師，能夠再度賞閱他們年輕時的著作，甚是喜悅。其中蘇菲‧波斯威爾（Sophie Boswell），是我在受訓時的同事，每當聆聽她的個案報告，總是為她優美的文筆感到讚嘆不已，看到她也在作者群中，為她感到無比驕傲。

註3：Fraiberg, S., Adelson, E., & Shapiro, V. (1975). Ghosts in the nursery: A psychoanalytic approach to the problems of impaired infant-mother relationships. *Journal of American Academy of Child & Adolescent Psychiatry, 14*(3), 387-422.

【前言】

塔維斯托克診所在訓練、臨床心理健康工作、研究和學術上有相當卓越的成就，享譽國際。塔維斯托克成立於1920年，從歷史可看出它在這個領域所做的突破。起初塔維斯托克的目標是希望其臨床工作能夠提供以研究為基礎的治療，以之進行心理健康問題的社會防治與處理，並且將新的技巧教給其他的專業人員。後來塔維斯托克轉向創傷治療，以團體的方式了解意識和潛意識的歷程，而且在發展心理學這個領域，有重要的貢獻。甚至在圍產期（perinatal，註）的喪親哀慟經驗所下的功夫，讓醫療專業對死產經驗有更進一步的了解，也發展出新的支持型態去幫助喪親哀傷的父母和家庭。1950和1960年代所發展出來的心理治療系統模式強調親子之間和家庭內的互動，現在已經成為塔維斯托克在家族治療的訓練和研究時的主要理論和治療技巧。

「了解你的孩子」系列在塔維斯托克診所的歷史佔有一席之地。它曾以完全不同的面貌發行過三次，分別是在1960年代、1990年代和2004年。每次出版時，作者都會從他們的臨床背景和專業訓練所觀察和經歷過的特別故事來描繪「正常的發展」。當然，社會一直在改變，因此，本系列也一直在修訂，期望能夠使不斷成長的小孩每天在和父母、照顧者以及廣闊的外在世界之間的互動內容呈現出應有的意義。在變動的大環境之下，有些東西還是不變的，那就是以持續不間斷的熱情，專注觀察小孩在每個

成長階段的強烈感受和情緒。

在這生動的第一篇裡，蘇菲‧波斯威爾(Sophie Boswell) 帶著大家思索 「母嬰關係」是如何開展起來的，以及這樣的關係如何逐漸朝向一個體恤的方向前進；但她也真實地面對來自這關係中的 「憤怒」情緒，以及存在這關係中正常出現的強大挫折感。那些被作者網羅進來的例子將會讓本書的讀者，曾經經歷過類似憤怒與沮喪情緒的讀者產生共鳴。

在第二篇的精彩內容中所探討的是寶寶在出生後第一年從新生兒到學步兒的轉變。但是到目前為止，文中所描述的故事，都顯示出成長發展是相當複雜的過程。眼前這個意氣風發的學步兒，還伴隨著有不久之前的嬰孩身影，而這個過程對一歲兒和父母來說都是相當辛苦的。父母所面對的是脆弱、帶著稚氣臉龐和心中不安的一歲兒？還是帶著堅定的步伐，持續成為有主見、有自信，能夠有良好溝通的一歲兒？在本篇中，作者教導讀者如何面對這兩個族群，並且以成長的角度（也就是能夠忍受、了解過去事件和情緒所代表的意涵）提供建議。

第三篇作者麗莎‧米勒（Lisa Miller）發現兩歲兒其實還很幼小。的確，兩歲兒的生活如果沒有大人處處協助，他們是很難存活的。但是，千萬別忘了本書前兩篇提到寶寶在出生後前兩年所累積的豐富經驗，包括複雜的情緒起伏。麗莎以纖細又自信的方式，用成長的角度來描述這個充滿情緒與快樂的階段。麗莎秉持本系列的一貫風格，她未逃避討論各種關係中難免會遇到的憤

怒，以及在成長過程中遇到挫折時所產生的負面情緒。她在本書中忠實呈現人生的原貌，而非採取遠距離和浪漫的角度，或刻意避開討論衝突的議題。

強納森・布萊德里（Jonathan Bradley）
兒童心理治療師／「了解你的孩子」系列總編輯

註：**圍產期**，指的是圍繞在新生兒出生前後的那段時間，包括產前、生產和產後，通常指懷孕第七個月到新生兒出生後第一週的這段時間。

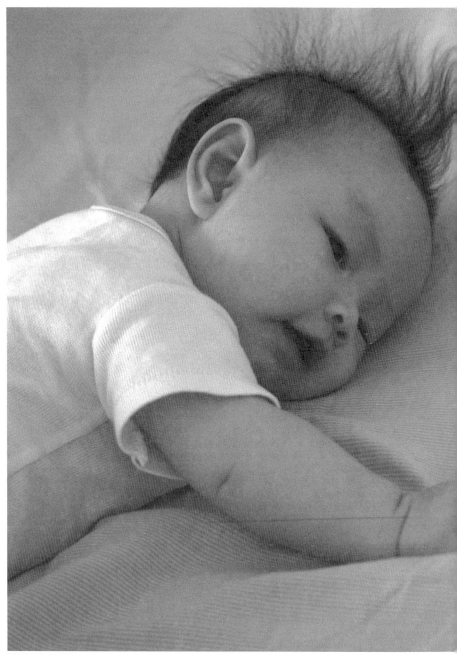

呂宜蓁，尹珪烈攝影

——第一篇——

天使般的小寶貝
0-12個月寶寶

文／蘇菲‧波斯威爾（Sophie Boswell）

【介紹】

本篇帶領讀者一窺新生兒寶寶從出生到一歲這段時間的內心世界，作者在本書沒有直接給任何建議，而是提供不同的架構來了解寶寶的感受和行為，並提供親子間相處的實際例子作為參考。

本篇的中心思想是，無法單獨把寶寶抽離出來個別了解，寶寶出生後就和負責照顧他的人發展出相當複雜的關係，藉由寶寶傳達給身邊大人的強烈感受以及他所想要得到的回應，我們才有辦法對寶寶的內心世界有更深入和更全面性的了解。每個寶寶從呱呱墜地那一刻起，內心就有相當強烈的情緒，他們各自有強烈的感受和獨特的個性，可能自知或在不知不覺之下，影響父母和照顧他的人的情緒，同時也會受到這些人的影響。父母的背景、態度、心態和潛意識的感覺，都會在寶寶認識人生和世界時產生極大的影響。

很重要的一點是，父母和寶寶之間的關係就跟其他任何關係一樣，有好也有壞。有時父母似乎很了解自己的寶寶，但有時卻又錯得離譜，當父母犯錯時，事情並不會就此無法挽救。對父母和寶寶來說，從困難和誤解中修復關係，是彼此更加了解和互相關愛很重要的一環。

初為人父或為人母是相當奇妙的，同時也會為生活帶來巨大改變的經驗。本篇的重點比較放在頭一胎的寶寶，不過每個寶寶

都是充滿魅力，有自己的要求和個性，父母必須一開始就不斷地調整和發掘。

　　很顯然地，有數不清的家庭才剛獲得新生兒，但本書篇幅有限，無法一一去探討。所以，本篇假設主要照顧寶寶的人是媽媽，但本篇所探討的主題同樣也可以運用在父親或任何照顧寶寶的人。至於性別的問題，在不同章節，我會輪流用「他」或「她」來稱呼寶寶。

林淵,林柏偉攝影

林淵,林柏偉攝影

林淵,林柏偉攝影

第一章

懷孕、生產和產後幾天

從懷孕的憂喜參半，至分娩時是要選擇剖腹產還是自然產，
到寶寶出生的那一刻，急忙詢問醫生，寶寶是否健康？
還有剛當上新手父母時的手忙腳亂，
不知究竟是發生什麼事的無助，寶寶的哭聲代表的是
肚子餓了、尿布濕了、生病不舒服、累了，還是
「媽咪！我只是在練肺活量啦！」
「我的寶寶是貓頭鷹嗎？為什麼晚上都不睡覺呢？」
「聽說餵母奶的孩子長得頭好壯壯，但是我的奶量不足，怎麼辦？」
各種的「？？？」在此章中都可得到中肯客觀的解答喔。

一旦升格成為父母，我們總希望要盡可能滿足小寶寶的各種需求，逗他們開心。從知道懷孕的那一天起，我們就盡力想為寶寶打造一個盡善盡美的環境，保護他們不要經歷人生中亂七八糟和痛苦的事情。很多父母都會認為只要從懷孕的那一天起盡量把每件事「做到一百分」，包括在孕期時有正常的飲食習慣（或是保持平靜的心情，聽古典音樂），生產時採取自然生產方式，產後保持平靜和愉悅的心情，用充滿愛心的肌膚接觸及雙臂來擁抱寶寶，就能為「親子連結」（bonding）奠定良好基礎，作為寶寶人生最美好的開始。

當然，有這樣的理想和目標並沒有錯，但是父母也會擔心，一旦沒有達到這個標準，就會讓寶寶或自己失望。「親子依附關係」有很多種形式，不見得只有在順遂的時候才存在。準媽媽在懷孕、生產和產後一定會碰到正面和負面的情緒，痛苦和喜悅，沮喪、焦慮和無比喜樂。寶寶在出生以後也會發現自己和其他寶寶一樣，擺盪在兩種極端的情緒中。親子連結關係的發展過程就跟發展其他深厚的關係一樣，彼此分享快樂時光，也一起經歷痛苦，尋找恢復的方式。

老公，驗孕棒出現了兩條紅線

計畫中的懷孕會帶來無比的喜悅、興奮和驕傲。有時候在還

沒懷孕之前所遭遇的困難，反而會使父母在順利懷孕後更有成就感，舉例來說，凱特描述她懷第一胎的過程，這個經驗就算在多年以後仍然在她和寶寶的生命中扮演相當重要的角色：

　　我懷孕之前曾經有過兩次小產，因此當時很擔心自己的狀況。其實那時我對能否順利懷孕和生產已不抱太大希望。66但是當我確定終於可以保住胎兒時，我非常感謝寶寶，就算在他出生以後，這種感覺還繼續存在。我還記得他剛出生後幾天的那種感覺。那時他喝著奶，喝完以後對我微笑。奇怪的是，就算他現在已經長大成人，我對他的感激之情仍然存在。

　　那些經歷過流產，求助人工受孕或是經歷不孕的父母，對尚未出生的寶寶通常會有相當強烈的愛和感激。至於那些可以順利懷孕的父母，也經常會覺得寶寶就像是送給他們的禮物一樣，這種感覺會使他們更愛寶寶，對他更溫柔。

　　但是在剛懷孕的前幾個禮拜，父母對於寶寶健康狀況的憂慮會達到顛峰。媽媽因為害喜、身體不適，筋疲力盡，感覺只剩半條命時，要對即將成為家庭一份子的新成員充滿幻想是很困難的。就算那些渴望懷孕多年的媽媽，難免還是會有難過、沮喪或是出現負面情緒的時候。新生兒的需求將是永無止境的，因此可能會常常影響到原來的生活。寶寶在媽媽的子宮裡似乎很開心、有足夠的養分和充分的照顧，但是這時父母在某方面的權益可能卻因此受到剝奪，他們可能感到疲憊，得不到支持，資源耗盡，

心中充滿憂慮，感到脆弱，好像媽媽永遠無法善盡母職。

準爸爸媽媽要知道這種感覺是很正常的，它們偶爾會在產前或產後出現。就算在懷孕過程或是寶寶剛出生的頭幾個禮拜，父母也和其他時候一樣，需要別人的安慰和支持。同時，也得調適心情，知道在可預見的未來，夫妻都會因為寶寶忙得焦頭爛額，未來將充滿挑戰。

幸運的是，大部分的女人懷孕時都會經歷所謂的「健全」時期（ "blooming" periods ），覺得自己狀況再度恢復良好。當準父母從超音波看到寶寶有活力地成長，吸吮著手指，甚至揮揮手表示他很好時，這是代表寶寶繼續健康成長的具體證據，他們心中因此產生驕傲和興奮之情。父母在這個階段多少都會和寶寶說話，相信他就像是一個真實存在的人一般，並且享受一種認為自己已孕育出一樣好東西的感覺。

媽媽和寶寶宮外宮內兩樣情

現在讓我們來看看寶寶的情況。通常人們都會認為寶寶在媽媽子宮裡的生活是相當詩情畫意的，既沒有挫折，也不會有無法滿足的需求，只有平安和平靜，媽媽內臟蠕動所發出的悶悶又輕柔的聲音，有節奏性又令人安心的心跳聲，灰暗的光線，唾手可得的食物，寶寶在子宮裡不需要擔心肚子餓，同時又有羊水包

圍，因此相當安全。難怪準媽媽在最不舒服的狀況時，難免會帶
點嫉妒和忿忿不平的情緒，因為她們體重驟增，難以入眠，身體
不適，筋疲力盡又經常肚子餓。

　　懷孕後期，我們都以為寶寶跟媽媽一樣，在子宮裡會越來越
不舒服，但是無論寶寶在子宮裡的生活如何，有件事是可以確定
的，這個未出世的寶寶已經適應屬於他的小小天地。對他而言，
子宮就是全世界。因此，當他身不由己地到了出生的那一刻，他
所感受到的衝擊是相當大的，他的小小天地剎那間完全變了樣，
他不僅無法辨認，從此再也回不去了，取而代之的是個完全不一
樣的世界。

產房如戰場，妳準備好了嗎？

　　生產方式一直是大家相當重視的議題。或許生產是媽媽第
一次和寶寶分離，同時也是最戲劇性的過程。雖然大部分的父母
都會數著日子，直到寶寶出生為止，但是當寶寶脫離媽媽的那一
刻到來時，還是會引起各式各樣的焦慮。對生產方式抱持的不同
看法（是否使用止痛藥、剖腹產或是自然產，在家或是到醫院生
產）都會對整個生產過程產生截然不同的幻想。

　　有些準父母把他們的恐懼投射到醫護人員身上，對醫生產生
敵意，認為他們的存在會破壞甚至威脅到所想要擁有的滿足感。

貼心
小叮嚀

選擇最讓你安心的方式就是最好的生產方式。

有些人則比較擔心自身的安危，身體上的疼痛以及媽媽生產時可能面對的風險都讓他們害怕萬分，因此會非常樂意依賴經驗豐富的醫護人員，幫助他們安然度過這個過程。有些父母則擬妥詳細的生產計畫，參加媽媽教室，希望能夠多擁有些主導權，至少感覺安心些。

但是無論準備得如何妥當，父母會發現，無論在生產過程或是產後和新生兒在一起時，他們仍然得面對全然未知和無法預知的情況。生產經驗，在最深層面挑戰許多對自己假設的立場。父母實在無法預期自己會有什麼感受或是反應。只能努力接受一個事實，那就是寶寶和父母都進入人生當中最具挑戰性的轉折期，父母只能走一步算一步，明白自己和寶寶都需要足夠的時間和空間來發現屬於自己的方向。

寶貝，你終於出來了

初為父母內心五味雜陳

寶寶剛誕生的頭幾天會為父母帶來相當強烈又直接的感受。

頭一回當媽媽的蘇珊回想起兒子誕生的情形：

我最後仍採剖腹產，等待醫生將傷口縫合，把寶寶清理乾

淨，替他檢查身體。但是抱寶寶使我傷口疼痛到熱淚盈眶，我不知道是因為解脫了，還是因為我無法再多等待一秒，我只想趕快把寶寶抱在懷裡。我心裡一直想，這是我的小孩，不是你們的！當我終於把他抱在懷裡時，我們已經在恢復室了。醫生們都在一旁微笑，因為寶寶正在吸吮他自己的手指頭，準備要喝奶。抱著他的那種感覺真的很好，我激動地不禁全身顫抖起來，不停的哭泣，情緒完全失控。

　　許多父母在生產過程時會覺得自己好像喪失自我一樣，一切似乎都停擺了，平常的經歷和生產這件大事比較起來似乎都變得毫無意義。但是時間仍然一分一秒地過去，世界仍然繼續運轉。父母通常會感到很激動和意外，不確定自己身在何方，甚至不確定自己是誰。通常就在這種情況之下和寶寶有了第一次的接觸。有位媽媽就完全失控，她完全不知道自己是誰，身在何處，或是發生什麼事，因為那是相當不同的時刻，或許就是在這種不太確定的時刻，最能了解寶寶的感受。經歷這些初次體驗，一陣混亂和喪失自我之後，父母和寶寶開始完全以嶄新的方式發現自我，認識對方。

寶寶哭是一種情緒的表達

　　我們不禁會去想像寶寶是否會在生產過程中把自己與外界隔絕，這樣他就不會感受到拉力、吸力、扭曲的力道、甚至是壓迫

的痛楚以及離開熟悉環境和突然間一切全都改變的恐懼，經過這一番折騰以後，寶寶發現自己已經在一個截然不同的世界裡了。

父母或許會覺得在生產過程中情緒失控，但是要了解寶寶有多失控是很難的。一離開子宮溫暖又充滿羊水的環境，寶寶所要面對的是一個無窮盡的廣大空間，再也沒有任何防護可以支撐他，取而代之的是冷冰冰、空曠的空間，充滿新鮮的色彩和不斷改變的景象，更不用說連他自己都未曾經歷過的一些身體感官。現在的他要用肺呼吸，聽到的聲音再也不會模糊不清，他或許還聽到自己的哭聲，對於地心引力所產生的力道感到訝異，此外還有肚子餓的感覺。大部分的寶寶都能夠馬上把所感受到的衝擊表達出來，一旦可以開始用肺部呼吸，他們馬上哭得稀哩嘩啦。但是也有些寶寶需要花更多的時間來表達情緒，或許他們感到有點困惑或是想睡覺，因此還沒有準備好迎接嶄新的一切。

包巾能夠給予寶寶安全感

大部分人都注意到，新生兒比較容易從熟悉的事物中獲得慰藉。因此父母都會盡量提供他們和在子宮裡生活時類似的環境，包括用包巾包起來，使他們有安全感，讓他們保暖，使他們盡量聽到在子宮裡就很熟悉的父母聲音，當然還包括肚子一餓就馬上餵奶。

新生兒的內心也需要細心地呵護和照顧，就好像他們無法面對內心的混亂一樣。媽媽通常會很自然地或是不自主地安撫寶寶

減輕他內心的沮喪。就算媽媽不知道要怎麼辦，但是寶寶所需要的，就是讓他知道自己並不孤單，而且已經成為家裡的一份子。

生產順利和往後
親子關係的良好是否有關？

就算在這個階段，許多父母還是戰戰兢兢，想要知道每件事情的正確作法，深怕「一不小心」就會對無辜的寶寶造成傷害，早期的親子連結可以說是最令人感動的一個面向，許多理論都強調產後馬上和寶寶培養連結的重要性，因此父母似乎也開始感受到寶寶未來的幸福和剛出生的頭幾個小時息息相關。

許多父母很害怕生產過程中的一些「干擾」可能會對剛出生的寶寶產生不良的影響，畢竟那是他們人生中最重要的頭幾個小時。譬如在生產過程中使用過多的藥物導致寶寶呈現昏迷狀態；母親無法哺育母乳；產程創傷導致產後憂鬱症；因應緊急狀況所採取的剖腹產手術，尤其是全身麻醉可能造成母親和寶寶之間產後分離的創傷，進而影響到母嬰之間的連結。有時候爸爸或媽媽會因為迎接寶寶誕生的一些感覺和原先預期的有所不同而感到相當意外和憂慮，像是敵意、恐懼，甚至是冷漠，都令他們相當訝異，深怕自己和寶寶之間的關係永遠無法修補。

但是每對父母和寶寶間的「連結」，會因為彼此步調的不同

而呈現出不同的面貌，有些在寶寶剛出
生後幾個小時感覺比別人更為愉悅，心
情更能夠放鬆，做好準備迎接新生命的
來臨。但是如果就此認定產程順利就

一定會擁有成功的「親子連結」，那可就大錯特錯了。無論採取
哪種生產方式，在寶寶剛出生的頭幾個小時，父母可能還是會遇
到困難或是覺得不太實際。媽媽可能想哭、筋疲力盡或是有點茫
然，寶寶則可能徹夜放聲大哭，想睡覺或是沒有什麼特別反應。
許多父母會發現，如果事情沒有照著他們所預期的方向發展的
話，反而會令人感到相當沮喪，有些人甚至會感到悲傷、憤怒或
是懊悔不已。

　　此外，父親本身也得面對很多問題，通常大家都會低估或小
看父親在生產過程時所扮演的角色。的確，雖然父親不需要承受
肉體上的痛苦，但是在面對艱辛和感性時刻，他既要給予太太支
持，又要表現出堅強的樣子實在是非常不容易的，他可能會因為
自己與生俱來的角色疲憊不堪。（尤其是如果他看著另一半經歷
生產時的痛苦，可能會承受很大的壓力，因為他既擔心另一半又
擔心尚未出世寶寶的安危。）

幫助寶寶適應新環境是建立親子關係的第一步

　　生產過程對於參與的每個人都是項艱辛的挑戰，因此可能得
要經過一段時間才有辦法恢復。父母或許可以和貼心的親友們分

享生產過程，稍微舒緩緊張的情緒、壓力或是痛苦。但是對某些父母來說，如果產程遇到困難的話，可能會使一些老問題更加惡化，甚至浮上台面，使他們內心更為脆弱。其實，所有的事情在產後幾個小時都還會有所變化，就算產程不是很順利，如果母親可以迅速恢復體力，幫助寶寶適應新環境，這是「親子連結」中相當重要的一部分。

　　經過二十八個小時馬拉松式的生產過程，最後準媽媽仍然得接受全身麻醉進行剖腹產，助產士（審註: midwife就是以前俗稱的產婆，現稱作助產士。台灣現在的助生者90%都是婦產科醫師，但國外有一半是助產士先經手，真的難產時再送去醫院接受剖腹產。）跑去關心一下初為人父人母的狀況。結果她看到母親因為馬拉松式的生產過程筋疲力盡地躺在病床上睡著了。至於在整個過程陪伴在側給予支持的先生則坐在病床邊的椅子，懷裡抱著剛出生的女兒一起入眠。這就是這個家庭的「親子連結」，彼此正享受著經過千辛萬苦好不容易得來的休息。

　　生產使親子一起經歷許多強烈的情緒起伏。無論過程多麼艱辛，他們都可以從中恢復。無論在家分娩，產程過長所造成的痛苦，或是因為緊急處理所要面對的創傷，自願選擇的剖腹生產，或是快速順利的產程，大家都有成為好爸爸、好媽媽的潛力，可以和寶寶發展親密的親子關係，也可以好好呵護照顧他們長大。

從吃喝拉撒睡來認識寶寶的人格特質

　　每個寶寶都有不同的人格特質，有些寶寶一生下來就飢渴萬分，不停地吃喝，一有機會就努力喝奶。有些寶寶則是顯得比較疲累，可能是因為他們不太確定在離開媽媽的子宮以後，是否能夠馬上適應外面的生活。有些寶寶則拼命爭取他們想要的東西，一旦食物沒有馬上送到嘴邊，就會顯得非常焦慮，害怕自己無法獲得溫飽。有些寶寶則比較容易安撫，在期待落空之前，懂得先忍耐一下。通常比較早出生的寶寶，步調似乎比較慢，好像還沒準備好面對這個世界，因此，在出生後的頭幾天，大部分的時間都在睡覺。他們似乎比其他小孩需要更多的呵護，來面對突如其來的新刺激。

新手父母的挑戰

　　在大家的引頸期盼下，寶寶終於出生了，大部分的新手父母都無法把眼光從寶寶身上挪開，全神貫注地注意他的一舉一動，覺得他的舉手投足之間都充滿了奇蹟和驚喜。新生兒所帶來的驚喜是永無止盡的，同時也常出現很多令人意想不到的舉動。當我們已經習慣一連串突如其來的驚奇以後，親友可能會給予許多

寶貴的意見、忠告，並投以羨慕的眼
光。升格為新手父母雖然充滿了興奮
之情，但是背後卻隱藏著脫離現實和
過於美化的泡沫。

貼心
小叮嚀

不要求自己成為
100分的父母。

　　有時候新手父母會有壓力，好像一定得向世人證明自己有
能力輕鬆又愉快地勝任新手父母的角色，事實上，他們可能對很
多事情還摸不著頭緒，既情緒化又無能為力。有些新手媽媽覺得
待在醫院會令她們感到不安，病房令她們感到既害怕又容易受傷
害。也因此會更想要努力做到符合外界期待的境界（這種想法不
只是自己給自己的壓力，有時也來自外在的壓力）。不過，也有
些新手媽媽會認為在醫院可以獲得較多的協助，反而會有點害怕
回家，因為一回家就沒有專業醫護人員的協助。

　　許多新手父母在經歷生產和寶寶剛剛誕生的頭幾天，無論在
身體和情緒上會比原先預期地更為「混亂」。父母得調適自己的
心情來面對完全不同的生活形態和筋疲力盡的狀態。這些情況難
免會造成夫妻關係的緊張和摩擦。在某些階段，大部分的新手父
母似乎除了在享受新生兒誕生的喜悅以外，心中難免仍有點不太
踏實和害怕，但是這並不代表父母是失敗的。事實上，只要父母
一起堅持下去，認清自己的情緒，坦然面對生疏的感覺，他們還
是可以從容地面對寶寶的情緒起伏。

　　許多新手媽媽很想要給人一種「毫不費力」的形象，但這注
定是場失敗的戰役。如果新手媽媽容許自己扮演新手角色，同時

也讓寶寶慢慢學習的話，一切反而會輕鬆自在些。新手媽媽有需要時可以依賴其他人的協助，接受自己有時也會覺得很悲慘的事實。同時也要對自己和寶寶的不完美有耐心。理想中的母親角色，也要能習慣媽媽的首要工作——那就是漸漸了解寶寶，敞開心胸看待寶寶想要表達的事情，同時在這樣的過程中盡量忠於自己的感受。

哺乳大作戰

看到剛出生的寶寶喝奶，無論是母奶或是配方奶都會令人感到安心，甚至有種奇妙的感覺。寶寶肚子餓如果能夠馬上緊含著乳頭或是奶瓶不放的話，那就表示媽媽知道如何哺乳。但是比較退縮或是愛睏的小孩則需要較多時間的鼓勵和安撫。新手父母在產後可能已經筋疲力盡，全身無力，卻還得哺育對喝奶不太有興趣的寶寶，有可能使他們覺得這個挑戰壓力實在太大。父母或許會以為寶寶在產程中是最危險的，沒想到在哺育新生兒時，也會有同樣極端的感受。

餵配方奶好？還是母奶好呢？

大部分的媽媽都很有概念，知道要用哪種方式和食物哺育寶寶，但就算是再周延的生產計畫，一旦在生產時，也有可能無用武之地。能否成功餵奶的問題是更感性的，有時是無法掌控和想

像的。

　　有時候，當媽媽看到寶寶一出生就知道自己該做什麼時會感到驚訝不已。在剛出生的第一天寶寶就懂得吸住奶頭或奶瓶努力喝奶，使得媽媽更有信心繼續哺育母乳。但是也有一些以為可以快樂哺育母乳的媽媽發現情況比想像中更為複雜而訝異，有時通常是因為一些無法解釋的原因所造成的。當媽媽遇到像是乳頭內翻或是乳頭疼痛，使得寶寶不肯吸奶或是體重沒有增加時，他們都需要很大的毅力和體力繼續堅持下去，直到餵奶成為一件愉悅而不是充滿壓力的苦差事為止。對某些媽媽來說，的確，她們感到相當失望，也對她們的心靈造成創傷，甚至開始懷疑自己到底是不是稱職的母親。

　　有些媽媽雖然開始餵母奶，但是卻一直擔心自己的奶水不夠。她們總會問自己奶水夠不夠？是否可以滿足似乎永遠吃不飽的寶寶？就算寶寶體重增加，一切也都還算正常時，這些焦慮有時還是會影響到哺乳的情形。

　　餵母奶是件相當令人感動的工作，就像生產過程一樣，不同的媽媽對於自不自然的作法，會有相當不同的強烈感覺。這會使本來就在摸索怎麼做最好的母子雙方壓力更大。想要用配方奶哺育寶寶的媽媽，也會因為害怕讓寶寶失望，因此違背自己的本意，盡量繼續餵母奶。同樣地，有些媽媽可能會因為在頭幾次無法順利餵母奶，因此只好改用配方奶代替，不再給自己機會，讓餵母奶成為比較愉快的事情。或許傾聽自己和寶寶的心聲，找出

不管寶寶是喝母奶或是喝配方奶，通常比較放鬆的媽媽會比充滿壓力以及身體不適的媽媽，讓寶寶更安心。

最適合彼此的方式，不要背負過多的價值觀和判斷，會使事情變得比較單純。

千萬別忘了，寶寶也是餵奶過程中的一部分，他們也有權利做決定。那些享受哺育母乳樂趣的媽媽們，或許可以說服那些充滿疑問的媽媽，讓她們知道這一切都是值得的。當寶寶猶豫不決，或是對喝母奶不太感興趣時，原本態度就「搖擺不定」的媽媽們可能就此放棄。母子間綿密的關係往往也意味著無法釐清媽媽和寶寶個別的感受，也分不清焦慮和喜好是從何而來，從何而終。

哺育母乳能夠為母子間製造最親密的寶貴時光，使他們一起享受親密和愉悅感。但是如果無法順利哺育母乳的話，並不代表母子間的親密關係會受到剝奪，其實用配方奶哺育寶寶也一樣能夠擁有美好時光。當然，每位媽媽和寶寶都可以找到各式各樣的方式，傳達對彼此的愛和關懷。哺育母乳有可能使母子雙方都感到焦慮或是不滿足，但是如果第一次哺育母乳就很愉悅的話，情況就會變得大大不同。對寶寶來說，最重要的就是喝奶應該是件相當快樂的事情，無論是提供奶水的媽媽或是喝奶的寶寶都應該非常快樂。不管寶寶是喝母奶或是喝配方奶，通常比較放鬆的媽媽會比充滿壓力以及身體不適的媽媽讓寶寶安心。

父母的情緒容易被寶寶的一舉一動牽著走

　　當你能坐在寶寶身邊連續好幾個小時深情款款地望著他，讚嘆這個完美作品時，任何不尋常的訊號都會突然隱約地被放大，原本就擔心寶寶是否可以順利成長的恐懼又突然湧上心頭。要判斷什麼是正常情況或是什麼時候需要外在協助是相當困難的，或許這是因為寶寶在身體或心理感覺不對勁時，他會變得恐懼不安，這時父母一定都會被寶寶的情緒牽著鼻子走。

　　露意絲分享她初次遭遇這種疑惑的經驗，那時她的女兒才三天大。

　　安妮哭得很慘，好像真的有什麼東西弄痛她，後來我們注意到她拉肚子拉得相當嚴重，我覺得她的情況一定很嚴重，我開始恐慌、無法思考、心跳加速，以為她就快死了，我無法形容當時有多麼害怕，根本無法思考她到底發生什麼事。

　　很多父母在寶寶突然變得很脆弱時都有類似的經歷，他們一心只希望自己的寶寶平安無事。就算寶寶睡覺的時間比平常久了些，父母也會衝到床邊看看他是否仍然正常呼吸。當然，有時這些可怕的事情的確會發生，他可能突然生重病，但在大部分的情況下，父母本來很擔憂的事，其實最後對寶寶並沒有太大的影響，父母也可以馬上恢復理性，發現寶寶又跟

貼心
小叮嚀

寶寶沒有想像中的脆弱。

往常一樣的健康，可以安然無虞地生活和成長。這些情緒上的變化都是在寶寶剛出生頭幾年非常常見的，說明著伴隨新生兒的原始與極端的情緒。

新手父母從錯誤中學習是必經的過程

人際關係中大概沒有像親子關係這樣，讓自己如此在意所做的一切是否正確。或許這和寶寶的無助與脆弱有關，使得照顧者深深感覺把事情做對相當重要。看著哭鬧不安或是焦慮不已的寶寶卻束手無策時，的確是相當令人難以忍受的。很多人可能無法接受父母（無論多麼能幹）居然還會做錯事。此外，其實寶寶在剛出生時是可以容忍某種程度內的誤解和錯誤。要了解寶寶的需要以及自己的能力範圍是需要時間的。

有時候我們很需要其他人的幫忙、支持和建議。舉例來說，要新手父母一眼就能判斷寶寶是因為單純的疲憊而哭，而不是因為沒吃飽或是有什麼問題而哭是相當不容易的。有時候新手父母很需要第三者告訴他們這個相當簡單，但是卻又令人捉摸不定的情況。這樣或許可以使父母脫離因為新生兒所帶來難以避免的挫折感，有時就算要把這個訊息傳達給寶寶都是相當不容易的。

有時候新手父母也需要一些空間來處理自己的事情，從錯誤

> **貼心小叮嚀**
> 要了解寶寶的需要以及自己的能力範圍，是需要時間的。

中學習。特別是寶寶剛出生的幾天，父母要了解和新生兒的互動情況，習慣自己升格父母後的新角色，才不會因為許多熱心親友所提供的各種知識和建議而備感壓力。父母要學習適應有了小寶寶的生活，並且體認到親子關係和新的家庭生活並非一帆風順或是完美無缺的。父母有可能對自己非常挑剔或是有相當高的要求，但是如果要接受自己和寶寶的話，就需要花時間一起相處、互相了解，共同展開這段漫長、複雜且又充滿驚奇的路程。

林淵，林柏偉攝影

第二章

寶寶出生後六個星期

這是一段既興奮又辛苦的階段，

首先面臨到的問題，就是寶寶生活日夜顛倒，

新手爸媽該不該調整baby的作息？又該如何調整呢？

寶寶的一顰一笑、喜怒哀樂在在牽動著父母的心，

要被孩子牽著鼻子走嗎？

產後憂鬱是很多媽媽們的惡夢，如何判定？又該如何面對處理？

以上種種問題都發生在這段日子裡，

只要度過這段艱辛的歲月，父母和寶寶都可以鬆一口氣了。

坐月子期間的身心照護

對大部分的父母來說（毫無疑問地，對大部分的寶寶來說也一樣），寶寶出生後六個星期是最難適應的。歷經神經緊繃以及戲劇性的生產過程和產後照護（譯註：中國人稱為坐月子）以後，突然間只剩下媽媽獨自和寶寶面對一切，那是相當令人害怕的事情。許多媽媽描述自己在聽到助產士告知停止探訪的那一剎那的恐懼。這段時間特別辛苦，因為寶寶在這時候最容易受到驚嚇，也是最脆弱的一段時間。寶寶出生後的幾個禮拜也是新手父母最脆弱的時刻，他們不確定自己是否可以當好父母，不知寶寶是否可以平安長大，所有與人相關的學習曲線好像突然驟降。

其實新生兒的存活能力是相當令人讚嘆的，雖然這也是世上再平常不過的事了。安德魯描述女兒剛出生那幾天他的內心感受。

> 貼心
> 小叮嚀
> 媽媽不同的需求就跟寶寶不同的需求一樣重要。

她長的好嬌小、好寶貝，她睡覺時，我的視線無時無刻不盯著她，心想：「這不是真的，我們不可能永遠保護她。」想到一半時，我覺得自己好像漂浮在另外一個世界。

新生兒會佔據你整個心思，成為你的全世界。當一切順利時，心中的驕傲、喜悅和興奮之情是筆墨無法形容的。當事情不

順時，感覺就好像世界末日。安德魯的另一半茱麗也覺得寶寶出生後的那幾個禮拜，她整個人好像漂在海上一樣。

前一刻我還帶著驕傲乘風破浪，心想自己有世界上最棒的寶寶，我要永遠讓他開開心心。但後一刻全部都變了樣。他會突然哭得很慘。我完全不知道發生什麼事，結果弄得自己也很悲慘，淚眼汪汪，心想：「我到底做錯了什麼？」那種感覺就像努力不要讓自己溺斃一樣。

在寶寶剛出生的前幾個星期，無論是寶寶或是照顧他的人都非常有熱情，這些強烈的情緒會讓父母覺得自己像坐雲霄飛車一樣。別忘了，對大部分的父母來說，這段期間相當辛苦。但是隨著時間漸漸過去，情緒的波動將會越來越小，寶寶也會越來越放鬆，也比較容易讓人理解。

新生兒該過隨性或是規律的生活？

新生兒所帶來的最大挑戰，就是沒有固定的生活作息，也無法預測。新生兒白天大部分的時間都在睡覺或是喝奶，半夜可能會驚醒或是肚子餓，他們的作息沒有明顯的節奏感或規律性。許多新手父母因此感到相當困惑，甚至驚慌失措，他們禁不住想從

寶寶的睡覺和喝奶模式中，找出邏輯或是一致性，否則他們會自認是否哪裡做錯了。不過，父母井然有序的生活，

> 許多媽媽都需要有傾吐的對象，才能以不同的角度來面對新生兒永無止境的需求，同時也比較能夠感受到別人所給予的支持。

貼心小叮嚀

對新生兒來說，可能反而是混亂的。新的感官，如飢餓和地心引力，皮膚上感覺到的不同溫度和質地，新的嗅覺、新的氣氛、嶄新的視覺和聽覺，這些取代他在媽媽子宮內唯一熟悉的節奏和規律的步調。

寶寶需要時間調適，有些寶寶需要的時間比其他人長，之後，才有辦法漸漸適應新的生活和父母對他們的期待。有些父母覺得缺乏規律的生活還算可以應付，但是對其他人來說，則比較需要有固定步調的生活，希望事情能夠早點有所安排。千萬別忘記很重要的一點是，我們多少都需要別人各種形式的幫忙。有些父母從書籍或雜誌中尋求面對混亂的方式。如果另一半相當配合，那可真是無價之寶，藉由分享經驗、分擔照顧小孩的辛勞和隨之而來的焦慮，可以使緊張的生活舒緩很多。許多媽媽都需要有傾吐的對象，包括朋友、護理人員、父母或是產後照顧的相關團體，使媽媽能以不同的角度來面對新生兒永無止境的需求，同時也比較能夠感受到別人所給予的支持。

凱西的第一個寶寶克爾絲蒂，在剛出生幾天時，半夜每隔兩個小時，就會嚎啕大哭要喝奶。白天時，凱西得抱著克爾絲蒂在

家裡走來走去、晃呀晃的，好像只有在媽媽懷裡，克爾絲蒂才會平靜下來。等到她快滿兩個星期大時，凱西已經體力透支，心情跌盪谷底。

我覺得，我整個生活都遭到剝奪，我沒有辦法好好吃一頓飯，因為我總是在餵奶，或是抱著她，我連上廁所都得抱著她。我的朋友一直說我應該很快樂，表面上我一直說：「是呀！是呀！」但實際上，在我內心深處，我一點都不快樂，卻又不願意去承認，這件我原本期待已久的美好事物，現在對我來說，簡直是惡夢一場。

後來凱西參考書本的建議為寶寶打造規律的生活步調。

一開始我覺得這樣好殘忍，只要克爾絲蒂多哭幾分鐘我都會受不了。我很害怕一切都不會有什麼改變，但是我還是持續下去，同時也一直看書尋找解決之道，雖然情況並沒有全部像書上描述的那樣，不過經過一段時間以後，我發現當克爾絲蒂情緒不好時，我會跟她說：「克爾絲蒂，妳累了，乖乖去睡覺吧！」然後把她放到床上，知道她遲早會睡著。我很訝異這一招居然每次都奏效。有時候就算這招沒用，我也變得比以前冷靜，不再覺得她老是主宰我的生活，使我重拾信心，讓我覺得：「或許我做得到喔！」

媽媽不同的需求就跟寶寶不同的需求一樣重要。對凱西來

說，寶寶的一堆要求給她很大的壓力，因此不得不將主控權拿回
來。凱西認為書對她有很大的幫助，就像母親一樣，可以給予她
從沒想過的建議和看法。有了書本的資源，凱西已經比較不會因
為女兒吵鬧不安而讓心情受到影響，也比較不會受制於她的每個
要求。同時，這或許對克爾絲蒂有所幫助，因為這意味著媽媽比
較不會抓狂，有辦法運用更多的資源。寶寶向來很會看透父母的
內心世界，稍後本章將針對這個部分討論。

　　如果跟凱西一樣，我們真的發現寶寶在剛出生的幾個禮拜，
讓他們過著規律生活的這個方向是有幫助的話；同等重要的是，
我們也要敞開心胸接受寶寶想要傳達給我們以及希望我們了解的
訊息。他們常會感到困惑，不知所措，有時候的確會有點混亂，
令人害怕，完全沒有界線，如果牢記這點，就能降低面對混亂的
恐懼，也比較能夠幫助寶寶擁有更多的安全感，讓他盡量不會情
緒失控。

　　育兒指南或是規律的生活並不見得適合每個人。有些父母
或許比較喜歡順其自然，有些則比較不喜歡別人告訴他們該怎麼
做；因此，寶寶的行為自然就和書上寫的不一樣。如果父母所採
取的是比較隨興的方式，讓寶寶用自己的步調找到屬於自己的節
奏，我們就得忍受睡眠不足的夜晚，以及昏沉的白天，但同時也
別忘了，父母自己仍需要穩定的生活和屬於自己的時間。一旦沒
有謹守自己的底線和觀點時，我們就很容易受制於寶寶，感到疲
憊不堪又困擾不已。如果有這種情況出現時，我們不只會感到筋

貼心
小叮嚀

　　育兒指南或是規律的生活並不見得適合每個人，因為每個人都是獨一無二的，唯有細心觀察寶寶和了解自己，才能找出最適合自己和寶寶的相處之道。

疲力盡，寶寶也會感到非常惶恐。

　　雖然在寶寶剛出生的前幾個禮拜相當辛苦，當然也有無比的喜悅。看著寶寶日益增加的體重，瘦小的四肢漸漸變得柔軟圓潤，喝完奶之後溫暖的身體，帶著淺淺的一抹微笑平靜地躺在懷裡睡覺，這些變化都代表了進步和成長的喜悅。或許讓父母感到最有信心的事就是做了對的事，很高興知道自己的存在和安撫正是寶寶所需要的。彷彿在黑暗的隧道中，看到另一端透出越來越多的光。

焦慮不安是一種情緒傳染病

當寶寶煩躁不安時

　　大部分的父母都認為自己應該保護新生兒寶寶，使他們不受人世間或多或少的不安和悲慘，非常希望下一代快樂。在新生兒寶寶剛出生的前幾個星期，無論我們多愛、多珍惜他們，他們就跟其他寶寶一樣，還是會遇到不快樂的事情，這個事實帶給父母相當大的衝擊。雖大家都知道新生兒寶寶會哭，但是看到新生兒寶寶赤裸裸的強烈情緒反應時，心裡的感受卻又是另外一回事。

貼心小叮嚀

面對新生兒哭鬧不休時，保持冷靜是妥善處理的第一步。

新生兒寶寶剛出生的前幾個禮拜，似乎拚命地想找到有「家」的感覺的東西，他們想在充滿新的感官刺激和陌生環境中找到一份歸屬感。新生兒寶寶沒辦法思考這些事情，生命似乎充滿了混亂和不同的感覺。畢竟，這麼小的寶寶實在無法預測接下來會發生什麼事。同樣地，他們也記不得剛剛才發生的事。因此，對於突如其來的重大刺激也顯得特別脆弱。不過，他們也會表現出一副幸福、滿足的模樣，或許是當爸爸或媽媽把他們抱在懷裡，很有安全感，可以盡情喝奶享受溫暖和安全的感覺時，這時他們會認為這世界真是美好。但一旦肚子餓沒有馬上給他們東西吃，又不確定是否真的有東西吃時，整個世界好像都快崩潰了。他們放聲大哭，想要趕走這種不愉快的感覺，小臉蛋因為哭鬧變得紅通通，臉部線條扭曲，手腳不停地揮舞，似乎要向世界表達無限的憤怒，有時則會出現痛苦又急促的啜泣，聽了令人心碎。當他們覺得自己好像很可憐時，做父母的也顯得無助，因為沒辦法幫他們把痛苦趕走。

通常父母，尤其是媽媽總會認為，如果沒有辦法馬上安撫寶寶，就得對他們的煩躁不安負責，甚至有罪惡感。有些父母覺得新生兒寶寶的哭聲幾乎都是身體上的痛苦引發的，如果無法安撫他們，使他們停止哭泣的話，父母可能會相當生氣，甚至沮喪。遇到問題時，寶寶常會用驚嚇的眼神看著我們，好像都是我們的

錯。為人父母難免會遇到這種情況。假如寶寶的哭聲無法引起我們的關切，那麼他們就無法得到所需要的注意和關心。父母能否妥善處理這種情況，跟我們在面對新生兒寶寶造成不安時，能否保持冷靜有相當大的關係。

當媽媽跟著寶寶一起焦慮時

安娜第一次在家為兩個星期大的詹姆士洗澡時，他突然焦慮不安起來。

助產士跟我說要在餵奶前幫他洗澡才不會吐奶（譯註：英國人說sick，有兩種意思，生病或吐）。但當我把他放到浴盆準備洗澡時，他變得焦躁不安起來，我知道他想喝奶，所以當他發現不是要喝奶時，整個人都崩潰了。

當詹姆士越哭越嚴重時，安娜也開始慌了手腳。

我幫他脫衣服時，他用充滿恐懼的眼神看著我，好像我會變成巫婆一樣，令我相當害怕。他的小手不停地抽動，好像快要掉到懸崖下要趕緊抓住東西，顯得相當無助，但是我卻一點辦法都沒有，他不停地把手指頭放進嘴巴裡，用力地吸吮，好像牛奶就會流出來似的。當我真的把他放進浴盆裡時，他完全崩潰，整個身體因為嗚咽而抖動，我幾乎無法抱著他，我的手也在發抖，弄得我也快哭出來。最後，當他洗完澡擦乾身體以後，他的心情

也漸漸平復下來，我餵他喝奶，他伸伸懶腰之後，在我懷裡睡著了，我那時才稍微鬆了一口氣。

這個例子告訴我們，當寶寶哭鬧不安時，媽媽很容易受到影響，手足無措也幾乎崩潰，甚至無法幫寶寶面對很平常但卻很容易令人神經緊繃的狀況。剛開始是新生兒寶寶感到恐懼，最後連媽媽也恐懼起來。當媽媽心中充滿罪惡感和焦慮時，也難怪她幾乎無法以冷靜和自信的態度來照顧自己的寶寶。

詹姆士似乎經歷了崩潰的狀況，這是新生兒寶寶很容易碰到的狀況，因為他們的自我認知還相當脆弱。當他想要的牛奶沒有出現時，內心的平衡遭到嚴重的衝擊。最後當他無法掌控自己的身心狀況，害怕自己快要崩潰時，身體的反應就是開始痙攣，猶如他的身體遭到攻擊一般，連自己也不知道，是否可以在受到威脅的情況下存活下來。他的情緒也處於類似的狀況，無論他對自己或是媽媽，都沒有什麼正面的連結。他焦慮地想找個東西緊緊抓住，像是奶頭或是安撫奶嘴，這些都能幫助他再度感到自己是完整的個體，並且重新獲得安全感。

寶寶的感覺是相當直接鮮明的，我們必須設身處地為他著想，讓他知道我們知道他正在經歷的事，甚至可

貼心小叮嚀
寶寶的感覺是相當直接鮮明的，必須設身處地為他著想，但很重要的是，大人也得保持大人的樣子，不要受寶寶的情緒影響。

以感同身受。但很重要的一點是，父母也得保持大人的立場，雖然要做到這一點很困難，而且大部分的父母會發現自己三不五時會受到寶寶煩躁不安的情緒影響，但對另一個媽媽（或當同一位媽媽處在比較堅強的狀態時）則會為寶寶的煩躁不安感到同情和傷心，而非受到寶寶的影響而焦慮。當然，要每次都達到這種境界是不太可能的。安娜發現，和好的過程、再次認識對方以及修復傷害的過程，都是彼此更了解對方，並相信任何傷害都是可以修補的重要部分。經過這次可怕的經驗，安娜就和詹姆士一起洗澡，這次他們都感覺平靜很多，洗澡也從此變成一件快樂的事。

你情緒中有我，我情緒中有你

父母的情緒如何影響寶寶

　　寶寶從很早的時候就容易受到父母心情的影響。當父母心平氣和地出現在眼前，他們比較容易受到安撫；當抱著他們的人很焦慮的話，寶寶就比較容易躁動不安。這條線索或許可以幫助我們了解寶寶不快樂的原因。有些父母面對一會兒哭鬧不休、一會兒卻滿足地被人抱在懷裡的寶寶感到無能為力。這種情況就好像在質疑父母照顧小孩的能力一樣。但有時情況失控，媽媽和寶寶都已經快要劍拔弩張，這時或許彼此暫時分開冷靜一下會比較好。久而久之，父母和爺爺、奶奶以及寶寶就會慢慢了解彼此的

個性，同時也懂得如何處理偶爾會遇到的問題。

但是，如果父母已經認為自己要為寶寶任何不快樂的徵兆負責，並且認為是自己讓寶寶不快樂的話，則可能會導致一陣陣的罪惡感。但自責並沒有太大用處，只會增加焦慮，使相關的人更難受而已。其實父母不需要太在意自己對寶寶情緒的影響，以為他的每個負面情緒都是我們造成的。這樣就可以取得一個「快樂的平衡點」。我們必須想辦法度過每個風暴，知道我們會對寶寶的情緒有所反應，正如他們對我們的情緒也會有所反應一樣。當然所有父母都有自己的極限和需要面對的問題。「完美」的父母不見得會帶給寶寶最多的歡笑。親子關係就像其他的人際關係一樣，經歷風風雨雨之後會更加深厚。

寶寶的情緒如何影響父母

雖然寶寶長得很嬌小，卻有很大的影響力。他們強烈的情緒會嚴重影響照顧者的感受和心情。

寶寶的強烈情緒和媽媽照顧他時所需面對的情緒是大同小異的。新手父母通常會覺得自己好像掉入外太空一樣，進入一個相當可怕的世界，必須以飛快的速度努力學習，才可以從容地面對各種狀況。寶寶心中的混亂和突如其來的恐懼常常會讓父母完全

不知所措。

　　我們有時會覺得自己的父母很孩子氣，但是當自己有了小孩以後，居然發現會出現同樣的行為。這時，我們與父母反而有新的凝聚力，更了解小時候父母所經歷過的一切。以前我們可能對父母的所作所為有相當多的批評，並且發誓以後絕對不會跟他們一樣。有些父母可能覺得他們的寶寶所獲得的家庭教養比自己當年好，這讓他們既安慰又有點悲傷。許多新手媽媽將它形容成鄉愁，也就是自己會想成為兒時渴望的父母角色，或是可能會突然感到孤單，因此格外脆弱又容易受傷害。新手爸爸也一樣很訝異地發現，兒時的一些問題會突如其來地浮現在眼前，令他們感到焦慮或是引起強烈的情緒反應。

　　麥特第一次升格當父親，他很訝異自己內心居然有那麼多的情緒起伏。

　　我不知道自己的父親是誰，但突然之間，我居然成了湯瑪士的父親。當他快滿兩星期時，有一次我突然淚如雨下。長大後我從來沒思念過父親，但突然間我開始思念起他了。

　　麥特的寶寶讓他發現從小就沒注意到的情緒。既要處理這些情緒，又要應付新生兒所帶來的壓力，對他來說實在很困難。但這是父母難免都會經歷的一部分，也使我們比較可以用同理心來看待寶寶，並了解他們赤裸裸的感受和需要。所有這些經歷都使我們更能夠給予寶寶所需要的安慰和安全感。

新生貝比要什麼就給什麼嗎？

　　新手父母通常都很擔心寶寶有愛哭、不易入眠、腸絞痛或是依賴性太重等這些問題，而且更擔心這些問題不會消失。時間一久，父母會發現情況的確有所改善，因為寶寶變得更有韌性，更能忍受挫折。但新生兒寶寶或是新手父母怎麼知道寶寶成長的每個階段會不會永遠持續下去？父母尤其擔心寶寶特別依賴某些東西，例如：睡在父母的床上，要求喝奶、吃奶嘴，一哭就要人抱，或是邊喝母奶或配方奶邊睡覺，父母很擔心一旦養成這些習慣以後就很難戒除。新手父母常會聽到有人警告，如果太放縱寶寶這些行為不加以節制的話，就會「自討苦吃」，或是說這樣等於「寵壞」寶寶，將來一定會後悔。

　　瑪麗亞正在餵兩星期大的寶寶雅拉母奶。

　　大家都說：「肚子餓了再餵她。」但是我覺得他們不是說真的，或者是說，他們根本沒見過雅拉！每次我都得餵奶將近一個小時，因此我無法做任何事，每次我一中斷，雅拉就很生氣想要喝更多。我實在不敢相信她真的有那麼餓，所以我用盡各種辦法讓她中斷喝奶，在家裡到處走動，讓她上上下下地跳動。最後我生氣了，有時候我會把音樂轉得很大聲，企圖淹沒她永不停歇的哭聲。

　　瑪麗亞跟許多媽媽一樣，她對新生兒寶寶永無止盡的需求感

到擔憂。當她覺得再也無法忍受這些情緒時，就乾脆冷漠以對。瑪麗亞跟助產士聊到這件事時，助產士提供她不同的應對方式。

　　她是相當和藹可親的女性。我還記得她提到雅拉時那種溫柔的模樣。她說雅拉非常嬌小，容易受到驚嚇，因此一直想喝母奶是正常的，我實在不應該阻止她。從某方面來說，我相當訝異，因為對我來說，我並不覺得雅拉很瘦小，反而覺得她還蠻粗壯的，尤其是當她大哭大叫時。當我透過助產士的眼光看雅拉時，心想：「我的老天，她比我更害怕。」從此以後，我再也不會覺得自己做太多讓步了，也盡量讓她多喝奶，這使我鬆了一大口氣。她也好像變得比較快樂，情況也因此改善許多。

　　瑪麗亞覺得女兒有很多要求，而且好像永不滿足，她覺得自己無論怎麼做都沒用，或許這也是為什麼她要狠下心來，對女兒的無助和脆弱充耳不聞。通常會有這種擔憂，是因為媽媽認為新生兒寶寶的需求永無止境，而且永遠也不會改變，但事實並非如此。新生兒寶寶或許會這麼認為，並且因為真的相信，而讓父母有時也信以為真。但如果父母努力穩住陣腳，堅持自己的看法，就可以幫助寶寶學習成長。

　　就跟瑪麗亞一樣，如果我

貼心
小叮嚀

當寶寶有了足夠的正面經驗，她就會越來越堅強，越來越自在，也比較能夠在事情不順時，處理突然出現的負面情緒。

們試著去想像一、兩個星期大的新生兒寶寶是多麼的不知所措、充滿困惑，那麼就不難了解嬰孩接受到安撫只會帶來好處。如果新生兒寶寶像雅拉一樣，從喝奶可以獲得更多信心，無論是想尋求慰藉或是真的肚子餓，父母就應該盡量滿足她，讓她知道世界是安全的，只要她需要就可以獲得安慰。當寶寶有了足夠的正面經驗，她就會越來越堅強，越來越自在，也比較能夠在事情不順時，處理突然出現的負面情緒。

雖然要時時刻刻注意寶寶的需要是很困難的，但父母仍要努力不懈，要知道寶寶還很小很脆弱。當寶寶無助時，如果父母對他的需求有所回應時，他就可以漸漸體認人生中的變化，同時慢慢學著面對人生中的小挫折。等他再大些，自己有更多資源時，父母就可以開始考慮停止任何他不需要的安撫。

在瑪麗亞的例子裡，雅拉在前幾個星期不斷地要喝母奶，但是之後，她喝母奶的次數漸漸地減少，轉而尋求生活中其他可以帶來安慰和樂趣的事情，本來擔心要永無止盡餵奶的日子已經過去了。

剛出生幾週的寶寶一次只能面對一丁點挫折

顯然地，某些寶寶比其他寶寶能夠早點面對挫折，就像每個父母對於所能承受的煩躁和不安程度也有所不同。正如剛剛所提到的例子，寶寶什麼時候能夠聽懂喝不喝奶的指令，和父母分床睡覺，睡前哭泣情況減緩等等這些情形都不是我們能夠主動知道

的。對父母和寶寶來說都需要從錯誤中學習。這樣父母才能多認識寶寶，知道他可以應對和無法應對的事。父母慢慢地也得學會以溫和的方式幫助寶寶邁入下個成長階段。在寶寶出生後的前幾個禮拜，大部分的寶寶只能一次面對一點點挫折，他們需要感受到父母包容他們的無助。此外，父母也得牢記在心，這一切不會永遠持續下去，這樣對寶寶和自己都有好處。

上一秒父母是世界上最棒的人，下一秒則變成怪物

有些父母在新生兒寶寶剛出生時就馬上對寶寶有強烈的關愛，但有些父母發現自己對寶寶並沒有特別多的關愛，甚至還有種陌生的疏離感時會感到很震驚。新手父母感到洩氣和失望是很普遍的，正如他們有時又會突然感到驕傲一樣。丹尼爾已經有兩個孩子，他描述自己對小女兒展現溫柔和保護寶寶的感覺，但還稱不上是愛。

我知道我對她有相當強烈的感覺，我的世界全充滿跟她有關的各個細節，但我怎麼可能對不太認識的人有深厚的情感呢？

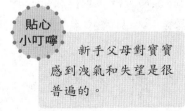

貼心
小叮嚀

新手父母對寶寶感到洩氣和失望是很普遍的。

父母通常會覺得這個階段的新生兒寶寶還太小，沒有能力「回報太多」，因此必須經過幾個禮拜持續不懈的照顧、付出、自我犧牲和關懷之後，才有機會第一次看到寶

在這個階段，寶寶還無法分辨心理和生理的感受有何不同。

寶發自內心的微笑。但其中最值得的，莫過於知道自己提供給寶寶最需要的東西，寶寶也開始有在家的感覺。

父母似乎會認為寶寶對這個世界的看法很直接。寶寶前一秒還覺得父母是世界上最棒的人，但在下一秒就變成怪物。在這個階段，寶寶還無法分辨心理和生理的感受有何不同。其中一個例子就是「腸絞痛」。父母親知道胃部出現絞痛代表焦慮或害怕，或是生理上的病痛。但對剛出生的新生兒寶寶來說，它們都是同一件事。肚子痛很不舒服會造成焦慮不安，就如同焦慮、不安也會導致肚子痛一樣。寶寶完全無法區分其中的差別。當他不舒服時，他的生理和心理都需要安慰。

同樣地，寶寶似乎無法分辨自己和別人的差別。「媽媽」或「爸爸」可能代表某種特別的氣味、聲音或是感覺。也難怪幾個星期大的寶寶一旦肚子餓、身體不舒服，或是遇到挫折時，通常會帶著懼怕的眼神看著父母。認為父母讓他的世界分崩離析。當他覺得世界是個壞地方時，他就沒有辦法記得父母對他好的時候，也無法想像父母會再次變成好人。同樣地，當他們很滿足時，例如，他很滿意地喝奶時，盯著媽媽看，或是在爸爸的肩膀上半睡半醒，輕輕地被哄著入眠，這時寶寶又覺得世界真是個受到祝福的美好天地。父母這時又成了大好人，過去所有的罪行全部一筆勾銷。

　　寶寶充滿熱情，但就父母的了解，他們還無法感受到「愛」或「恨」。當一切順利的時候，他們對「慈愛」就會有比較籠統的感

> 這階段寶寶似乎無法分辨自己和別人的差別。「媽媽」或「爸爸」可能代表某種特別的氣味、聲音或是感覺。

覺，如果不順利的話，則會有「厭惡」的感覺。在這個階段，他們的主要功課還是學會面對人生中的高低起伏，之後才會有更多的空間容納更複雜的情緒。對照顧寶寶的人來說也是一樣，新的關係就像擺盪在兩個極端，猶如乘坐雲霄飛車般的情緒，只有在寶寶開始將觸角往外伸，探索其他人的世界，並且把我們當成是實際存在的人，我們才有辦法用三度空間的角度來看待寶寶。

心情低落就代表
得了產後憂鬱症嗎？!

　　我在之前有稍微提到新手媽媽內心的脆弱，尤其在新生兒寶寶剛出生的前幾個禮拜，她常會覺得壓力過大和情緒鮮明的傾向。喬提到第一個寶寶出生後，她有相當嚴重的失落感，幾乎可以說她好像因為某件事而悲傷。

　　我自己也不知道到底失去了什麼（或許寶寶本來是在我身體裡吧）。但我就是無法停止哭泣，甚至有很長一段時間感到孤單和悲慘，我很想不計任何代價再度成為寶寶，不需要顧慮到別人，只要一直讓人呵護照顧就好。

　　或許每位媽媽在第一個寶寶出生後都會有段時間心情低落或感到沮喪。通常這些情緒會和興奮及快樂的感覺交替出現，但有時候負面情緒會持續一段時間，因此令人憂慮。許多媽媽很害怕有產後憂鬱症，因此反而使她們背負壓力也一定得表現出「很快樂」的樣子。但在這個階段，情緒的波動是很正常的。幾乎所有的媽媽都有過心情不好、孤單或是沮喪的時候。這些情緒對寶寶並不會有任何的傷害，或許媽媽和寶寶的生活會因此受到影響，但有點情緒或是感受比較鮮明並不一定就是憂鬱症。通常媽媽們發現自己有各種強烈情緒時都會有點訝異，她們本身可能已經有點孩子氣，同時又得面對改變的生活形態和自我定位。更重要的是，通常人們都期待媽媽可以對寶寶波動很大又兩極化的情緒感同身受，隨時給

貼心小叮嚀
不要壓抑負面情緒，要誠實面對這些情緒，影響就會漸漸降低。

貼心小叮嚀
當父母壓力太大時，請暫時和寶寶分開一段時間。

予安慰和諒解。

因此，媽媽難免會對寶寶有些負面的情緒。對漢娜來說，剛出生兒子有一堆需求，這讓她受盡折磨。

> **貼心小叮嚀**
> 如果真的覺得自己可能會傷害寶寶的話，應該和別人傾吐這份憂慮，同時尋求需要的協助。

寶寶剛出生時我好高興，但是有時候就是會禁不住地想對他發脾氣。剛出生的幾個禮拜，他因為腸絞痛經常哭泣。有時候我會想：「你已經奪走我所擁有的東西！那我呢？」每次餵奶對我來說，都是件苦差事，因為我的奶頭破皮流血，我只希望晚上能好好地睡一覺。有天，他哭個不停，我試過所有的方法，但他就是哭個不停。突然間我有個很強烈的念頭想把他往樓梯下推，或是採取任何可以停止他哭泣的方式。這種念頭持續幾秒鐘，但卻是非常強烈。之後，我哭了起來，我好擔心，因此我把他抱在懷裡哄著他，告訴他我很抱歉，其實我很愛他。

有時候新手父母會有類似的念頭，這是相當普遍的，就算是最受歡迎的搖籃曲裡都提到寶寶從樹上掉下來。有時候把這些念頭壓抑在心裡的話會令人感到孤單害怕，但一旦注意到這些情緒的話，它們的影響就會漸漸降低。就算我們害怕告訴別人，但也得對自己誠實，知道難免會有這種感覺，就算是最慈愛的父母也會有這種經歷。新生兒寶寶的無助可能令人難以忍受，尤其是父母已經用盡辦法，但仍然無法使寶寶感覺好一點時，憤怒和生氣

貼心小叮嚀

請記住：偶爾想對寶寶採取暴力或攻擊行為的想法，並不會改變你對寶寶的愛。感覺和行為是兩回事。

意味著我們壓力很大，需要和寶寶稍微分開一段時間，最好是留些時間給自己。如果有人發現我們的需要，我們就比較容易再度以慈愛的態度來對待寶寶。

當然有時候一些負面情緒會令人擔憂，如果真的覺得自己可能會傷害寶寶的話，應該和別人傾吐這份憂慮。同時尋求需要的協助，但偶爾想對寶寶採取暴力或攻擊行為的想法並不會改變你對寶寶的愛。感覺和行為是兩回事。正如漢娜的例子一樣，如果我們可以讓自己在親子關係或是其他關係中擁有負面的情緒，這樣反而能夠幫助我們珍惜自己正面的情緒和慈愛的強大力量。

六星期之後，寶寶和父母都可以鬆一口氣了

第六個禮拜快結束時，全然無助的新生兒寶寶會蛻變成健壯的寶寶，比較能夠注意到周遭的環境、放鬆自己、享受人生。當新生兒寶寶第一次對父母展露笑顏時，大部分的人都非常雀躍和驕傲。山姆回想當時的情況：

　　我還記得那種快樂到快要爆炸的感覺，我對寶寶笑，他突然也對我笑，我這一輩子大概從來沒有那麼快樂和興奮過。我高興到不行，好像陷入熱戀一樣。

　　只有少數幸運的父母才有辦法在寶寶剛出生的六個禮拜享受平靜愉快的日子，其他大部分的人都是熱情和焦慮交錯出現的狀況。這時，多數的媽媽已經做好要去探索世界的準備，不再需要整天穿著家居服，她們或許可以開始出門拜訪護理人員或是和其他媽媽碰面。混亂的日子已經漸漸由規律的生活所取代，父母已經比較有足夠的信心描述寶寶的心情和喜好，還有一天中比較不安的時段和喜歡的活動等等。

　　當新生兒寶寶開始抬起頭來，認出主要照顧他的人時，他就會主動表達要喝母奶或配方奶，或是尋找熟悉的聲音，同時也能漸漸理解身邊所聽到的噪音和看到的景象。他們也知道喝奶時間，享受食物和照顧者的陪伴，知道他們是屬於寶寶的，知道自己也屬於這個世界。對許多父母來說，逐漸了解愛護日益長大的寶寶帶來的喜樂和興奮，以及回過頭來被自己的寶寶認識和關愛的興奮喜悅之路，現在才要真正展開。

呂宜蓁，尹珪烈攝影

呂宜蓁，尹珪烈攝影

第三章

寶寶出生後
前三個月到六個月

三個月是寶寶成長的第一個重要階段，

他開始探索自己的身體，想要伸手去觸摸、抓東西；

遊戲和對話，這時也才開始產生意義。

每個寶寶喝奶速度、習慣都不一樣，

有時還會拒絕喝奶，是否造成父母的困擾？

該斷奶、該吃副食品了嗎？怎麼跟寶寶玩？

如何看待寶寶哭這件事？寶寶又是怎麼想「哭」這件事的呢？

這個時候可以讓寶寶獨睡了嗎？

本章從生理、心理和情緒等層面來探討這些問題。

三個月是寶寶成長的重要階段

寶寶接下來的重要成長階段是在三個月大時。大約在這個年紀，他們開始感受到越來越多的自主性。它們比以前更喜歡自己的身體，探索自己的手和腳，想要伸手去觸摸、抓東西，嘗試不同的聲音和臉部表情。在剛出生的前幾個禮拜，寶寶大部分都是用嘴巴和眼睛去發掘周遭的事物。當他們心情不好時，會用眼睛盯住某樣東西來安慰自己，像是燈光、玩具或是某人的眼睛，有時則用手或用嘴巴緊抓住某樣東西不放，一旦他們可以開始用手抓東西時，世界就有了新的意義，不過此時寶寶還是比較習慣把東西塞到嘴巴裡檢驗一番，而且這種行為恐怕會持續一陣子。當三個月大的寶寶看到漂亮的玩具，或是友善的臉孔時，他們通常會表現出很高興的樣子或是流口水，之後才會想到要伸出雙手。

三個月大的寶寶越來越結實，人格也比較協調。這時他們已經比較不會整天想著自己的需求有沒有獲得滿

貼心小叮嚀
寶寶三個月大時，開始探索自己的手和腳，想要伸手去觸摸、抓東西，嘗試不同的聲音和臉部表情，世界有了新的意義。

貼心小叮嚀
開玩笑、遊戲、對話開始有意義大概是出現在寶寶三個月大的時候。

足。他們已經準備好要探索這個世界。開玩笑、遊戲、對話大概都是從這個時候開始。在這個階段，如果寶寶對你笑，這代表全新的意義。他們已經成為有主見的個體，父母對他們來說也變得比較實際。看到寶寶漸漸適應生活，並開始喜歡生活中出現固定、熟悉又可靠的不同體驗時，感覺相當美好。

▌「施」與「受」的餵奶關係

　　有些餵母奶的媽媽在這個階段開始餵寶寶配方奶，或許是因為重返職場，也或許是因為渴望有更多的自由，或是因為不享受餵母奶。但是，有些媽媽在餵母奶方面則是越來越上手了，因為寶寶和媽媽都變得比較有信心，也比較放鬆。餵配方奶的媽媽通常會發現寶寶喝奶時間比較固定，因此也比較容易掌控，餵奶就比較快樂些。通常媽媽餵奶時會因為寶寶的體重是否有增加，或是喝到太多空氣等等問題而感到不安。

從喝奶可以看見寶寶的不同個性

　　每個寶寶的氣質和個性都可以從他們對食物和餵奶的態度看端倪。媽媽餵奶可以視為寶寶未來在發展其他人際關係的根基，因為那是寶寶生平第一次從他人獲得東西（食物、愛和安慰）。藉由餵奶，寶寶也開始學習「什麼時候該放手，什麼時候該讓媽

媽接手」。同時也探索兩個
不同個體的意義。其中一位
是扮演「施」的角色，另一
位則是「受」的角色。

　　希歐班在三個月大時，
媽媽很了解她對喝奶的需求。她會以渴望的眼神看著媽媽，並且
用相當熱情的方式吸奶。她以堅定的表情專心地喝著母奶，每次
喝奶她總是相當認真，還閉上眼睛。

　　她總是知道哪些東西是她的，是應得的，這讓我不禁莞爾而
笑，因為她的一隻手（中指和大拇指）就會伸出來，好像美食家
一樣，我想到她時，總是想到一句諺語：「世上所有的一切都得
暫停，因為我正在喝奶（譯註：吃飯皇帝大）。」之後，她會伸
展身體，把一隻手舉得高高的，高過她的頭，眼睛則閉上，表現
出非常滿足的樣子。

　　希歐班認為媽媽的胸部和母奶是屬於她的，同時知道如何從
喝奶過程獲得最大的樂趣和滿足。這對媽媽來說也是相當大的喜
悅。幸運的是，她的媽媽也不介意自己不被當作是參與者，而只
是個觀察家。

　　希歐班會陶醉在某種幻覺，認為媽媽的胸部和母奶是她的，
而且只屬於她。在她喝奶時，就算她媽媽消失一下也無妨，她已
沈醉在屬於自己受祝福的小小天地裡。

　　對其他寶寶來說，喝奶很明顯地就是「施」與「受」的關係，他們很樂於享受媽媽和他們分享這種關係。克萊拉從很早的時候就喝母奶和配方奶，她總會邊喝奶邊盯著媽媽用溫柔可靠的神情餵她喝奶。

　　有時我正要餵她喝奶時，她總會在喝奶前對我笑一下。在整個喝奶過程中，她總是會盯著我看，好像在跟我說：「謝謝！」一樣。之後，如果我開始邊和其他小朋友聊天，或是邊看電視邊餵她奶的話，她就會停止喝奶，直到我把注意力又轉回到她身上為止。

　　有時候喝奶的寶寶就好像是小情人一樣，充滿熱情和愛慕之意。有時候寶寶看起來很搞笑，就像是三個月大的寶寶會在喝奶前把自己弄得臉紅脖子粗。這是因為她看到媽媽的奶頭過於興奮手足舞蹈的關係。有的寶寶可能很急躁，佔有慾強；但是有的寶寶則比較猶豫不定，很容易分心。在這個階段，喝奶對寶寶來說仍然非常重要，在喝奶過程中，寶寶不只是在喝奶而已，那也是維持生命的動作。因為配方奶含有他所有需要的營養。透過親密的餵奶和喝奶（哺乳的關係），寶寶可以學會世界可以給他的東西，以及和別人保持親密關係所代表的意義。

為什麼寶寶不喝ㄋㄟㄋㄟ了？

　　當然在這個階段，哺乳仍是一件令人焦慮的工作。寶寶常常

會在前一秒還高興地喝著奶，結果在下一秒就突然拒絕喝奶。卡拉的兒子班在前三個月喝母奶喝得很好，但是到了這個階段，他會突然把頭轉開，哭著不要喝母奶。

他一看到我的奶頭就開始哭，好像心情非常不好，不想喝。每次我嘗試要餵他，他就把頭轉開，令人很傷心，也讓我相當為難，心情低落。我一直在想是不是我有什麼不一樣，有哪個地方他不喜歡，使他不想跟我親近。

餵奶是母子關係中相當親密的一部分，當寶寶拒絕喝奶時，媽媽可能會覺得自己被排拒在外，尤其是當媽媽因其他因素感到特別脆弱時，因此如果要她重拾信心就更加困難。我們只能猜測班感到不舒服的原因：或許一開始他是身體不舒服，因此不想喝奶；或許他發現媽媽心情的轉變使他生氣不想喝奶，也有可能他正遇到困難，讓他覺得一切都不對勁，這時媽媽也會覺得一切都不對勁。對三個月大的寶寶來說，「人生」和「媽媽」有時是很難分辨的。任何其中的一個因素都有可能使班不想喝奶，感到焦慮或是憤怒，因此用拒絕的方式來發洩心中的負面情緒。

有時候寶寶會把我們當成是壞人，就算出發點是為他們著想也一樣。這是父母面對最艱難的許多挑戰之一。至於父母所能容忍的程度就得看我們當時內心有多堅強而定。

貼心小叮嚀
寶寶可能以厭奶來發洩心中的負面情緒。

　　無論班拒絕喝奶的原因為何，很明顯的，卡拉越覺得罪惡越覺得需要為此負責的話，那麼母子兩人就越難脫離負面的情緒，而重新建立哺乳的關係。一、兩週以後，卡拉又開始餵班喝奶，她找到友人來傾訴心中的焦慮，並發現這會讓她稍微放鬆一點。

　　我差一點就放棄，我想我大概是有點慌了吧？或許我和班都有點受到驚嚇。如果能夠找個冷靜的人談一談，對我會有很大的幫助。

　　對卡拉和班來說，就算身邊的人只給一點點鼓勵，就足以幫助他們解決問題。當班拒絕吸母奶時，有幾天卡拉再試著要班喝點配方奶，好像就沒有那麼強烈地拒絕，沒多久，班就又開始接受母奶了。如果班用拒絕喝母奶的方式來表達心中的憤怒或挫折的話，他或許可以鬆一口氣了，當他知道媽媽會包容這些情緒，並帶著班很快地恢復信心而繼續餵奶時，相信對班而言必定感到比較放心了。

寶寶可以吃副食品了嗎？

　　我們可以從寶寶喝母奶和配方奶的情況觀察他的人格發展。接下來的重大階段就是初次進食副食品，這時寶寶又會有新的感覺和反應。就算在這之前，光是該在什麼時候開始讓寶寶使用副

食品就已經引發熱烈討論，甚至
變成情緒性的議題。父母通常無
法決定到底什麼時候開始，有的
人認為大概就是六個月前後。很
明顯地，這個問題不只涉及到寶

> **貼心小叮嚀**
>
> 大約六個月後可以開始吃副食品，不過還是要看寶寶在生理和心理上是否都準備好了。

寶在生理上是否已經做好準備，同時也得考慮到他的情緒，更不
用說媽媽的感受了。

　　有時候，斷奶不只會讓人焦慮甚至擔心，因為不知道斷奶之
後到底要給寶寶吃什麼。此外，餵給寶寶的每口食物其衛生問題
和內容成份也都會令父母擔憂；配方奶不再是寶寶營養的唯一來
源，這也讓父母憂心，擔心副食品是否易於消化，或者是否含有
毒成份，同時也擔心沒有繼續喝母奶是否會產生各種問題。

　　就像寶寶在成長過程中有新的進展一樣，斷奶也夾雜著喜
樂和失落。「斷奶」（weaning）有雙重意義，一方面是指「習
慣做某件事」，另一方面也有「遠離做某件事」的意思。它正好
點出開始吃副食品的得與失。嘗試新的東西代表要放棄過去的習
慣，也勢必會對成長和分離有強烈的感受，父母本身也有些需要
捨棄的東西。父母不再需要將寶寶緊緊抱在懷裡餵奶，寶寶可以
稍微離媽媽遠一點點，坐在腿上或是椅子上慢慢進食，這對周遭
所有的人來說都是相當有意義的。

　　這些改變也會令人相當興奮。舉例來說，當寶寶開始吃副食
品時，也正是爸爸或是哥哥、姊姊第一次有機會可以參與寶寶用

餐的過程。哈利在家排行老三，兩個哥哥都迫不及待看弟弟第一次吃副食品。

在我們家，哈利的第一口飯就成了全家慶祝的大事。突然間，家中的每一份子都想參與。兩個哥哥還為了誰要負責幫弟弟拿湯匙吵了起來。他們都很高興弟弟跟自己越來越像，而不只是媽媽的寶寶而已。雖然我有點感傷，因為他已經不再是只屬於我一個人的寶寶了，跟過去也不一樣了，他一直往下個成長的階段邁進。

每個寶寶對於新東西會有截然不同的反應。舉例來說，茉莉對於副食品是吃得津津有味，馬上抓起湯匙，大口大口地吃，好像她等待這一刻已經很久了。她唯一不解的是，湯匙為什麼每次都會在她嘴巴滿滿是食物時就消失，這是相當令她不懂又生氣的地方。

但對哈利來說，雖然兩位哥哥非常期待他趕快脫離小嬰兒的階段，自己卻有點搖擺不定。

每次要餵他吃副食品時，哈利就會看著我們，好像我們瘋了一樣。他似乎覺得湯匙是來自外太空的東西，上面黏黏膩膩的東西突然間就塞滿了他的嘴巴，因此他把大部分的東西都吐出來。我大概永遠不會忘記他臉上充滿困惑的表情，好像在對我說：「這不是我點的菜。」他對這件事久久不能釋懷。

　　有些寶寶需要些鼓勵才能習慣新的做事方法，慢慢對新口味和烹調方式感到興趣。或許哈利跟他媽媽一樣注意到自己失去某些東西，這種失落感需要花點時間才會消失，寶寶才有辦法感受新習慣所帶來的好處。

　　就跟面對所有的新挑戰一樣，要一次理解所有隱含的意義是很困難的。如何面對成長過程以及往後的階段，跟每個人個性的內心深處息息相關。對哈利來說，開始吃副食品意味著得放棄他所熟悉和喜愛的東西。他不太確定自己是否就要這樣往前邁進，繼續成長，和過去說再見。遺憾、悲傷和失落會和放鬆、愉悅及驕傲交替出現。既然現在寶寶已經可以坐在離媽媽稍微遠一點的距離吃飯，我們就可以開始以新的方式和他分享經驗。在這個過程中會呈現出新的角度，父母和寶寶可以用新的工具分辨食物可不可口，彼此間也有嶄新的空間一起去體驗食物的來源和去向。

▎寶寶「玩」出感覺來

　　寶寶斷奶並開始吃副食品，代表著父母和寶寶之間的早期親密關係有了重大改變。寶寶剛獲得的信心和學會的技巧使他們可以用新的方式探索世界。親子關係不再像過去一樣封閉排外，早期的親密感也因此減少許多。但無論父母是否和寶寶在一起，能夠帶給彼此快樂的東西，以及可以互相分享的經驗，似乎無止盡

> **貼心小叮嚀**
>
> 三個月大的寶寶開始利用遊戲來了解自己的感受。

地繼續擴大。

幾個月大的寶寶現在已經能夠注視距離稍微遠一點的物體，同時也能夠選擇他要看的東西，也能玩簡單的躲貓貓。來來去去的兄弟姊妹們、玩具、父母，甚至寵物都會引起寶寶的興趣，也對他深具意義。當寶寶開始認出爸爸、媽媽、兄弟姊妹、爺爺和奶奶時，他似乎也比較能夠察覺到自己的感受。他變得更為專注，也開始了解對每件事的感受。

艾瑪在三個月大時躺在她喜歡的動物旋轉音樂鈴下，認真地看動物轉到眼前之後又消失。當動物出現時，她就高興地瞇瞇笑，但當它消失時，她就會很生氣，用力踢腳，好像在抗議它的離去。艾瑪似乎可以運用旋轉動物的來來去去，表達和探索她的某些感受，以及她喜歡和不喜歡的東西，這個階段的寶寶都是用遊戲來了解自己的感受。

你家寶貝會乖乖睡覺，還是要哄老半天？

寶寶出生後的前幾個月，大部分的父母都得花很多功夫讓他們知道晚上真的是睡覺的時間。就算一開始事情進行得頗為順

利，但就寢時間和睡覺的相關問題仍然令許多父母相當頭痛。睡覺也和分離有關，這個問題對父母、寶寶和幼兒來說都跟情緒有很大的關係。

貼心
小叮嚀

對寶寶而言，睡覺代表著分離，所以睡覺哭鬧有時候可能是情緒問題。

一開始，很多父母會決定在這個階段針對睡覺的安排做些改變，或許是將寶寶移到嬰兒搖籃、小床或是寶寶自己的房間去睡。這個變動可以為父母和寶寶設立新的界線，但在安頓好之前可能需要溝通、再溝通。當我們設立界限時，可能會對寶寶產生的許多反應感同身受，或是認為他們可能會有的感受。如果把這些反應全推給寶寶負責，那就太小看這些問題了。他們之所以會有這些反應，有可能是因為父母個性的關係，也有可能是因為寶寶自己的緣故。

蘇和狄倫都是新手爸媽，他們把小搖籃放在床尾，馬修四個月大時，睡眠品質一向很好，半夜通常都不需要餵奶。但蘇發現當馬修離她太近時，她無法睡覺。因為她會時時刻刻注意馬修的每個舉動和呼吸聲。蘇和狄倫都認為晚上需要離開馬修，讓自己多一點的時間和空間。他們最近剛搬家，馬修的房間還有點簡陋，他們搬進去的第一個晚上，馬修就醒來三次，心情非常不好，也很難哄他入睡。

這個情況持續了一個禮拜，蘇和狄倫都非常愁苦失望，同時也不了解馬修為何難以入睡。他最近開始吃副食品，因此他們懷疑這是否和馬修晚上難以入眠的情況有關。當他們坐下來討論

這個問題時，發現彼此心中都有罪惡感，也很擔心把馬修挪到另一個房間去睡覺。他們一想到馬修自己在另一個房間就感到很難過，心中會想像他大概覺得自己不受父母疼愛並遭人嫌棄。蘇坦承她不喜歡新房間，她曾經在晚上一邊餵母奶，一邊看著破舊的牆壁，心中覺得自己實在很可憐。

上面的情形似乎是因為馬修的父母讓他獨自睡在另一個房間而產生的罪惡感，因而影響到馬修的反應。如果他們對馬修的新房間不滿意，就不可能說服馬修去喜歡它。當蘇和狄倫把心中的憂慮，以及對馬修搬到新房間的感受說出來以後，狄倫在馬修的嬰兒床上方貼了一些照片，夫妻倆也漸漸感到比較平靜。令他們更鬆口氣的是，在新房間哄馬修入睡馬上變得簡單多了。兩天以後，馬修又和往常一樣一覺到天亮，蘇和狄倫也能夠再度享有自己的房間。

很顯然的，這兩張照片本身或許對馬修不是那麼重要，但對父母來說，卻是意義非凡。這個新的發展對馬修或許有實質的正面意義，而不只是失落。在面對新的分離狀況時，要完全解讀哪些反應是來自寶寶，哪些是來自父母是完全不可能的，因為這些反應當中有很多是兩者兼具；但是卻可以幫助父母釐清自己的感受，知道它們可能會影響我們看待寶寶感受的角度。其實，有很多事情是需要靠寶寶自己去探索的。其中，當寶寶慢慢脫離父母以後，寶寶可能會感到孤單難過，但卻也因此可以有新的機會和新的樂趣。

寶貝，拜託不要哭了

父母對於哭個不停的孩子該怎麼做？

　　大部分的父母總會在某個階段掙扎，要不要把寶寶放在床上任他們哭泣直到睡著為止。這個過程有個很酷的名稱叫作「控制性哭泣」（controlled crying）。這部分就跟其他各種形式的分離一樣，情緒佔了很重要的角色。有些人覺得這種作法太可怕了，想像這樣的過程就是在冷酷地「控制」你的寶寶，讓她哭到睡著。有些人正好相反，他們批評那些馬上就抱起，整個晚上安撫寶寶的父母實在是無可救藥，是溺愛寶寶的作法。父母既然無法克制自己衝向正在哭泣的寶寶身邊，那簡直就是「自討苦吃」。不管是哪一方，或許他們對自己的立場也有所質疑，不過都帶著懷疑的眼光看待另一方。父母覺得應該採取一個正確的作法，但通常又不太確定這樣做對寶寶有什麼意義。

　　這個議題又讓我們回到馬修搬到新房間的例子。每天晚上馬修可能都感受到父母把他抱到床上睡覺的感覺，因此把寶寶放到嬰兒床睡覺時的方式、親吻他們道晚安，或是跟他們說話，這些動作都會把父母內心最深處的感覺傳達給寶寶。如果我們深信如此，那麼控制哭泣是否有效就跟本身的個性、對這種分離的感覺以及這個「控制哭泣」系統本身

> **貼心小叮嚀**
>
> 父母最困難的工作就是，幫助寶寶學習傷心、憤怒或是孤單。

的優點有關。父母如果能夠說服寶寶相信父母對自己本身的作法是有信心的，父母也可以處理好每次的分離，那麼這種作法就比較有可能成功，不過要做到這點可說是知易行難。

即使是成人，很多人會發現，白天比黑夜容易處理內心的焦慮。有些人或許還記得兒時對於黑暗的恐懼，我們會做惡夢、感到孤單或是焦慮。當我們面對寶寶夜晚的不安或焦慮時，許多人都發現自己很難用大人的眼光來看待。但如果是在白天時，情況可能就有所不同。

莎莉獨力扶養女兒提雅，她很喜歡和女兒睡一張床，因為她可以整晚哄提雅，和她緊緊依偎在一起。但提雅五個月大時，莎莉決定要讓提雅自己睡嬰兒床。提雅一點都不領情，當莎莉把她放在嬰兒床時，她就放聲大哭，而且越來越煩躁不安，因為她再也無法回到媽媽身邊睡覺。莎莉看到女兒的反應心都碎了。但是又認為既然已經做了決定就要堅持到底。「控制哭泣」聽起來似乎是相當合理的作法，但每當夜晚一分一秒地過去，提雅也越哭越傷心，莎莉覺得自己實在無法忍受。她覺得如果再這樣下去，提雅將會受到一輩子都無法抹滅的傷害。莎莉覺得自己沒有其他選擇，只好讓提雅再回到大床睡覺。提雅一回到大床馬上就平靜下來。莎莉覺得自己遭遇了大挫敗，也很生氣為什麼沒有人跟她說這個過程這麼困難。

像這樣的例子是相當常見的。對所有的父母來說，在夜晚安撫哭泣的寶寶可以說是最具挑戰性的工作之一，甚至比控制自己

只要媽媽不要離開太久，六個月大的寶寶已經可以不需要媽媽二十四小時陪在身邊。

的情緒更為困難。如果有兩對父母在一起討論，比較有可能為彼此打氣，幫助對方度過困擾的階段（只要他們在筋疲力盡時，不會把情緒發洩在對方身上）。但就算有別人的支持，當你一聽到寶寶的哭聲，當你知道其實只要你一抱他，或讓他和你同睡一張床，或再給他餵奶就能安撫他，但卻得逼迫自己不可以這麼做時，仍是違背天性和本能的作法。

正如上面的例子，我們會發現，大部分的寶寶都需要在情緒上設立界限的協助。寶寶對自己有一些基本的認識，但絕對不太可能知道自己是否已經做好準備來面對分離，雖然寶寶傾向假設自己是還沒辦法做到的。父母也不太確定寶寶能夠做到什麼程度，但可以從經驗判斷，把眼光放遠來評估他的成長潛力。聽到寶寶哭聲，尤其是在半夜的時候，要不心軟實在很困難，但父母卻也常因此被寶寶的情緒牽著鼻子走，動搖了自己的立場。

莎莉後來詢問護理人員的意見，他們建議一步一步來，包括哄寶寶，給寶寶安全感，同時千萬不要讓寶寶獨處的時間超過她所能夠忍受的範圍，卻又得嚴格遵守原則，不能再讓女兒回到大床和她一起睡覺。在護理人員的協助下，莎莉也不再覺得自己跟提雅說：「不可以」時是件殘酷的事情。提雅最後雖然也和莎莉奮戰一番，但至少還是接受了新的遊戲規則。

有時候，父母必須在寶寶面前保持大人應有的立場，雖然知

道寶寶可能相當焦躁和恐懼不安，但我們得穩住腳步，不要讓情緒受到影響。要做到這一點是相當困難的，大部分的人都需要協助才有辦法做到。但如果做得到的話，情況將會大為改觀。對寶寶和父母來說，如果可以理解到不是每個人都會深陷於孩子氣的情緒中，也就是說我們真的相信沒什麼好怕的，而且一切都會越來越好，那麼夜間分離的焦慮就會變得較容易處理。

寶寶對於哭泣這件事是怎麼想？

假設我們從寶寶的角度想像整個過程，父母居然讓寶寶一個人獨自哭泣，就算只有幾分鐘而已，她們也一樣會感到相當震驚。當寶寶煩躁不安，希望媽媽抱她起來，哄哄她或餵她奶時，一看到媽媽離開當然會有相當強烈的反應。情緒反應的強烈程度會依寶寶的個性和母子關係的緊密程度而有所不同，但負面情緒一定會出現，包括憤怒、生氣、恐慌和困惑等等。通常這些負面情緒會隨時間的消逝，一點一滴地繼續累積，但是媽媽仍然沒有回來。

如果父母只是讓寶寶獨處一小段時間，她就可以一點一點地面對這個情況，自己找資源度過這個階段。剛開始，當媽媽不在身邊時（就算只有很短的時間），寶寶可能會很快就焦躁不安起來，因此寶寶非常需要媽媽出現讓她心安。當寶寶幾個月大時，通常她已經可以開始嘗試獨自面對媽媽不在身邊的事實。只要媽媽不要離開寶寶身邊太久，她就可以靠思考和記憶幫助自己度過

這段時間。

　　寶寶會希望在她開始感到不安的第一時間就能看到父母，可以立刻哄她、滿足她的需求。不過當寶寶知道父母就在不遠處，而且不會讓她太突然地單獨面對負面情緒太久，她就會發現到即使當父母不在身邊時，她也可以開始安撫自己，當然這個過程是無法一下子完成的。有時候寶寶還是會感到害怕，覺得自己做不到。這就是為什麼父母需要隨時注意寶寶感受的原因。必要時，得盡量多回去看看寶寶，確定她一切安好，我們就在身邊，可怕的事情不會發生。大部分的父母都可以分辨憤怒和抗議的哭聲，以及無助或是恐慌哭聲之間的不同。因此寶寶可以很快地知道爸爸或媽媽會在她需要時出現。

　　假如寶寶知道我們隨時掌握她的狀況，也很有把握寶寶能夠獨自面對，寶寶通常就會從經驗發現，事實並沒有錯。父母最困難的工作就是幫助寶寶學習傷心、憤怒或是孤單，無論他們當下的感覺有多強烈，這些情緒並不會對她的生命造成威脅，就算寶寶在半夜表現地多麼悲慘和憤怒，但仍然會在隔天早上睡醒之後給你燦爛的微笑。

▎六個月大的寶寶開始會思考

　　第六個月結束時，有些寶寶已經開始自己會坐。大部分的寶

寶，他們喜歡的人越來越多。對不同的聲音、表情以及這個世界的興趣也越來越濃厚。他們看起來好像把整個世界踩在腳底下，展現出自我的重要性和傲氣，這些都令人感動，也讓人

貼心
小叮嚀

第六個月結束時，有些寶寶已經會自己坐了，代表開始發展社交能力了。

覺得窩心。對父親、爺爺、奶奶和兄弟姊妹們來說，這個階段是相當令他們興奮的，因為寶寶已經準備好和他們發展更深、更有意義的關係，他已經能夠發現每個人都不一樣，也能夠帶給他不同的樂趣和興趣。

六個月大的寶寶已經比過去幾個月更注意自己的感覺，他可以非常生氣，也可以非常可愛、深情款款。前幾個月對世界的粗淺印象，現在已經由更成熟和複雜的感受所取代。寶寶已經開始為自己著想，他可以享受獨處的時間，躺在嬰兒床裡看著旋轉音樂玩具或是因為窗外的景色雀躍不已。他知道自己什麼時候肚子餓，什麼時候肚子吃得飽飽的，他會對媽媽生氣，喜歡奶奶，會因為新發現而感到興奮，會擔心獨處等等。他再也不會因為生活中的新鮮事困惑不已，也不會任由心中紛亂的感覺擺佈或因突發事件而受到影響。他已經有個安全堡壘，內心也有越來越多的資源，他可以帶著與日俱增的信心和安全感來探索這個世界。

Sayri Amaru，周旻君攝影

Sayri Amaru，楊文卿攝影　　Sayri Amaru，周旻君攝影　　Sayri Amaru，楊文卿攝影

第四章

寶寶出生後
六個月到十二個月

這個時期是父母最快樂的階段之一，

因為現在的寶寶可以很清楚地表達他的快樂、幽默和熱情，

不過，心情不好時，也會用有效的抗議方式來表達心中的不滿。

此階段開始長牙了，也會嫉妒了，

想盡辦法想要引起大人們的注意，

喜歡當指揮家指揮大家，似乎是寶寶意氣風發的時期，

但從高處跌落地面的心情起盪也是時常發生的。

父母要如何看待和處理寶寶生活裡的跌跌撞撞呢？

還有父母是否會擔憂我的寶寶怎麼長得比別人慢，

會的也別人家少呢？看專家怎麼說。

▌寶寶的新發現

寶寶在出生後六個月到十二個月，有了截然不同的轉變。之前寶寶只能讓人抱著去接觸，或是觀察這個世界，現在他活潑好動、充滿探險精神，有自己的想法和計畫。許多父母發現，這是最快樂的階段之一，因為寶寶已經可以使用所有學習到的新技巧，來展現對人生的興奮，同時也漸漸能夠表達快樂、幽默和熱情。當他心情不好時，也能夠用有效的抗議方式，來表達心中的不滿。

正如我們稍早所看到的，在早期的階段，父母和寶寶的情緒是緊密相連的，因此要分辨到底是父母或是寶寶的情緒非常困難，因為他們互相影響。到了這個階段，寶寶對自己的情緒有較多的認識，同時已經能夠注意到周遭的人也有不同的情緒。寶寶的情緒深受父母心情的影響但自己卻完全沒有察覺。現在他們也意識到自己是獨立的個體，因此開始慢慢觀察、學習、思考其他人的心情和

> **貼心小叮嚀**
> 六到十二個月的寶寶漸漸能夠表達快樂、幽默和熱情；當他心情不好時，也能夠用有效的抗議方式來表達心中的不滿。

> **貼心小叮嚀**
> 六到十二個月的寶寶已經開始慢慢觀察、學習、思考其他人的心情和行為。

行為。這個階段的寶寶已經準備
好要發展更複雜、更具挑戰性和
更有成就感的關係。

　　早期嬰兒時期強烈和極端的
情緒，心情的起伏不定將持續對
寶寶第一年的生活造成影響。但寶寶原來簡單又極端的感受現在
已經不一樣，他對自己有更深一層的認識。到了六個月到一歲這
個階段，寶寶已經更能夠統合思想和感覺，對自己和別人有比較
一致和細膩的看法。

從內在去認識自己

　　一開始，小寶寶可能只會對來自本身以外的一些未知力量表
達喜歡和厭惡的感覺。當他肚子餓、疲倦、寂寞、疼痛時，他會
表現出好像有什麼壞事發生在他身上一樣。父母會發現幾個星期
大的寶寶會用恐懼的眼神看著你，好像他真的遭受攻擊一樣（無
論是肚子痛、恐慌或是突如其來的飢餓感）。但當他越來越了解
自己時就會發現，並不是所有好或壞的情緒都是來自本身以外的
力量，他內心就有這兩種感覺的存在。他可以感覺受到攻擊和憤
怒，也可以感受到愛和熱情。寶寶已經不再只處於被動的立場，
現在他比較會扮演主導的角色，也比較獨立，當他發現自己能力
有限時，會漸漸認識到人性的其他部分，像是他那讓人不喜歡的
破壞性衝動，以及同時在他內在的基本人道特質。

我的媽咪怎麼不一樣了？

當寶寶漸漸開始認識自己時，他也正在認識自己的爸爸和媽媽，並發現他們也有相當複雜的思緒，而且也會犯錯。正如我們之前所看到的例子，小寶寶不太知道自己的媽媽是獨立的個體，同時具有好和壞的特質。那時候媽媽對寶寶來說並不只是個人，而是全世界。當媽媽在寶寶需要時出現，這時她是美好的代名詞。當媽媽不在身邊或是沒有把寶寶的負面情緒帶走時，她則變成可怕的代名詞。現在寶寶漸漸發現原來媽媽也是完整、獨立的個體，有不同的個性，能夠給她愛、營養和笑聲，但也可能會出現冷漠、不好惹的那一面，或未必能了解他的需要。寶寶會知悉到媽媽有很多不同的面相，但基本上還是一樣的個性。

所有這些發現對寶寶來說都是相當大的挑戰。有時候，隨著人際關係越來越複雜，寶寶也會感到痛苦和憂慮。因為他眼中完美又有求必應的媽媽已經漸漸不存在。他帶著純潔無瑕毫無保留的愛所注視的那位完美人物，現在會有意無意地消失，或是在事情不順利時變得很差勁，儘管如此，「媽咪」這個版本還是很難令寶寶放棄。當寶寶從不同角度認識媽媽以後，或許這對他長遠的成長來說是件好事，但也有可能對他心中的平衡狀態造成威脅和失望。如果實在太難熬的話，大部分的寶寶都會想辦法來沖淡那種感覺，其中的一個方法就是在心中浮現理想的母親形象，來幫助自己度過這個難熬的時期。

面對這些改變時，寶寶心裡可能很難受，需要父母為他們設

立一些界限。藉著豐富經驗和同情心，父母可以用某種語言讓他們了解這些新的感受。如果父母立場堅定一致，等於告訴寶寶，他即將感受到的「危機」是有限度的，無論是外在世界或是自己的想像。

嗯，長牙了

如果上述的挑戰對寶寶還不夠多的話，那麼他在這個階段還得面對另外一個挑戰——也就是長第一顆牙。許多寶寶在長牙過程中會感到疼痛，也會變得比較煩躁不安。此外，寶寶在長牙過程中，情緒也要做些重大調整。就像他剛剛才發現自己和其他人一樣具有尖銳和攻擊性的特質一般，自己內在一直是那麼柔軟的口腔，就這樣突然長出一個既堅硬又尖銳的東西。嘴巴對寶寶來說一直都是很重要的一部分，因為寶寶靠它探索、喝奶和哭泣，因此長牙勢必會帶給他強烈又困惑的感覺。寶寶不再有吸奶的衝動，他漸漸喜歡咀嚼東西，因此父母經常會看到正在長牙的寶寶強迫性地把東西塞到嘴巴，臉上則帶著既嚴肅又擔心的表情。在寶寶習慣這些新現象和不舒服症狀之前，需要很大的調適，之後才能開始享受吃東西和牙齒所帶來的其他樂趣。

> **貼心小叮嚀**
>
> 有些寶寶在長牙過程中會感到疼痛，請給他涼涼的固齒器，會舒服些。

▎嫉妒的毒蘋果出現了

現在寶寶已經非常了解他的媽媽是個獨立的個體，也開始第一次體會遭到「冷落」的感覺，當自己所愛的人因為與他人的關係而將自己摒除在一旁時，體會到嫉妒帶來的刺痛感。他也發現父母之間講話的方式和跟自己講話的方式不一樣，當他希望引起父母注意時，他們卻在聊天。有時是在他上床睡覺以後，兄弟姊妹沒經過他的允許就在一起玩。家庭朋友來拜訪，佔據了大家的注意力，以寶寶不了解的方式一起聊天一起歡笑時，他或許會有強烈的反應也想要加入，他會跟著笑，跟著牙牙學語，好像自己也和大家是在一起的。但有時候也會因為大家忽略他而感到生氣或焦慮；他或許會在睡前突然開始表達抗議，或是在半夜醒過來，不希望自己被置身事外。他或許會對某些訪客沒興趣，認為他們是不速之客，而不是可以和他玩耍的人，他甚至會在媽媽和某個人聊天時大聲尖叫。

有些父母注意到這個階段的寶寶有時會有悲傷的特質出現。也許在某些時刻我們會看到寶寶有沉思甚至帶有憂鬱的表情，或聽到哭泣的聲音。當爸爸或媽媽不在身邊時，寶寶會表現出思念的心情，也對其他人的來來去去相當敏感。

愛極了的遊戲：珠寶盒

當寶寶的情緒世界有這麼多變化時，他在生理和心智方面也有所成長，他帶著永無止盡的好奇心，無時無刻都在實驗和探索。寶寶在六個月或七個月大時會在沒有人協助的情況下坐起來，這是個重要的改變，代表他即將由躺進入坐的階段，發展社交能力。他對世界的好奇和幻想也即將起飛。許多寶寶在這個階段很喜歡看到在他們眼前擺著一個裝有很多東西的箱子，也就是所謂的「珠寶盒」，這樣他們可以從裡面拿出許多大大小小令他們感興趣的東西。他們會用牙齒或是牙齦測試它們，把東西並排或是排在內側或周邊，看看它們是不是可以組裝在一起或是撞在一起，寶寶會嘗試運用這些東西做不同的組合。

貼心小叮嚀

遊戲對正在成長的寶寶是絕對重要的。

貼心小叮嚀

最經典的遊戲就是躲貓貓，它可以讓小孩在控制的場景之下，學習分開和重新相聚的感覺。

遊戲對正在成長的寶寶是絕對重要的。就像他會選擇某些東西，把它們裝在一起，一個裝在另一個裡面，或是把它們壓扁看看會有什麼結果。因此在遊戲過程中，寶寶會經歷不同的感覺、關係和互動，觀察事情怎麼發生，什麼東西會產生什麼結果，以及某些人有某些行為時所帶給別人的感受。

當可以一點一滴用自己的步調和有意義的方式來消化人生時，比較不會有恐懼和困惑的感受。其中最經典的遊戲就是躲貓貓（peekaboo），因為它可以讓小孩在控制的場景之下，學習分開和重新相聚的感覺；其他人的消失和再度出現，噪音或是突如其來的大叫，小孩的臉孔突然出現又消失；家貓突然猛撲過來；突如其來的溫柔親吻；這些全新的經驗，都會讓人感到困惑或是情緒失控，這些經驗逐漸在寶寶的活動範圍中出現，他會像個科學家一樣，仔細閱讀和拼湊這些調查，就像他在玩玩具一樣。

想盡辦法引起大人的注意

六個月大以上的寶寶和外在世界已經有較多的接觸，想要和其他人互動，當然他們還是喜歡隨時有父親或母親在身邊。他們開始了解單字，玩自言自語的遊戲，喜歡別人對他們有所回應：首先他們會發出或是模仿某種聲音，之後會「假裝」在講話或是嗯嗯自語。他們正學習扮演某種角色，他們可以對人有些影響，也可以讓某件事情發生，就像是對玩具按下按鈕，或是把堆高的積木推倒，諸如此類會有立即的效應一樣。寶寶發現他們的行為

貼心小叮嚀

六個月以上的寶寶在語言方面已開始了解單字，會玩自言自語的遊戲及喜歡別人對他們有所回應。

可以對周遭產生作用，通常不是很戲劇性的影響，就像他們開始
對自己的感覺和經驗產生興趣一樣，這個年紀的寶寶開始注意別
人的情緒，嘗試去試探如何引起別人某種特殊的反應。

哭聲

　　寶寶最早引起別人反應的方式就是哭聲。新生兒不自覺地
哭泣，完全不知道自己可以影響身邊的大人。他有避免身體疼痛
或是疼痛感的衝動，但很快地他就知道哭聲可以產生某種效果。
六個月大以上的寶寶是相當微妙的動物，他慢慢學會觀察自己的
行為如何影響照顧他的人，以及如何根據這些觀察來反應。就算
到了七、八個月大時，寶寶的媽媽如果累了，他也能找到使媽媽
「打起精神」的方式，他知道哪些遊戲或是有趣的搞笑行徑會讓
媽媽高興。同樣地，思緒暫時飄到其他地方的爸爸也會突然發現
自己正和一個非常活潑好動、不怕危險、總是有辦法馬上引起別
人注意的寶寶在一起。寶寶以這樣的方式發現父母的情緒的確會
有波動，同時會想辦法去面對，然後，他們也發現有些事情是可
以掌控，或是有影響的，有些則是沒有辦法。

尖叫聲

　　喬治在九個月大時開始會用震耳欲聾的尖叫聲對周遭的人產
生立即的影響。當全家搬到新的公寓時，刻意不想惹惱隔壁的新
鄰居，他的爸爸約翰描述喬治如何翻新他的技巧。喬治開始每天

晚上醒過來很多次，這樣爸爸或媽媽就得起來照顧他，一旦他們想離開房間的話，他就會發出最刺耳的尖叫聲。

他會用盡吃奶的力氣尖叫，幾乎快把我的耳朵震聾了，整條街大概也都聽得到他的聲音，之後他會停止尖叫，然後用一種很得意的表情看著我，非常有把握我拿他一點辦法都沒有。

喬治剛開始或許是真的需要在新環境中獲得安全感，但他刻意的尖叫聲，很顯然地給他絕佳的機會對父母產生影響力。寶寶就是有辦法知道父母心裡在想什麼，當他們不舒服或煩躁不安時，也會讓父母感同身受。喬治或許對父母搬家的事沒有任何決定權，但他可以讓父母知道當別人擁有所有的決定權時的那種感受，寶寶就是有這種天賦。雖然喬治心中有所不滿，但他的父母也可以從這個情況看出他的幽默感。當喬治太過分時，他的父母會厚著臉皮和鄰居打聲招呼，然後仍然堅持到底；幾個晚上之後，喬治在表達過自己意見以後，終於回復平常的樣子。

笑聲和玩笑

就像喬治有時候會用各種方式展現他的權力一樣，有時候寶寶也會採取比較軟性的手法。貝琪在十個月大時，就平躺在地上像小嬰兒一樣不斷地踢腳，來博取父母的笑聲和親吻。就算是再怎麼小的嬰兒看到父母或是哥哥、姊姊奇怪搞笑的舉動也會顯得相當高興。到了這個階段，寶寶已經知道取悅別人的方式，而且

你會很驚訝他喜歡比較有難度的笑話、奇特荒謬的情況和遊戲。

　　笑聲和遊戲是寶寶生活的中心。初次聽到寶寶的笑聲是相當令人興奮的經驗。他現在已經具備取悅他人、受寵愛、笑以及讓其他人發笑的天賦，也可以和媽媽或其他人分享遊戲，這也顯示出媽媽和寶寶之間的關係已經不再那麼緊張，或那麼以需求為出發點，也不再那麼具有排他性。在越輕鬆的情況下，寶寶能夠享受用全新和期待的方式和媽媽及其他人相處。

▍寶寶的勝利和失落

　　寶寶在七到十二個月大時會繼續建構那些對他而言最重要的人的樣子，以及如我們在上述的例子裡所看到的，同時也在建構對自己的形象。在這個階段，他已經對自己的能力範圍和限度有個比較理性和平衡的角度。

　　事實上，他現在對自己的能力可能充滿了強烈的矛盾，包括以為自己無所不能到完全無助的痛苦。不久之前，他還是非常嬌小的嬰兒，處處需要依賴他人。但當他開始發現自己內在與生俱來的能力以後，他會很快地開始運用這些力量，直到超乎他所想像的範圍。這一強一弱之間的落差，讓他感到非常困惑，他想像中的力量和他實際可以做到的範圍，這也讓寶寶處於相當微妙的立場。

把自己當作國王般地指揮大家

　　沒有人能比寶寶表現得更自視過高與尊貴全能了。寶寶會在父母的休息室中央抓著從高處垂吊下來的鞦韆晃來晃去，知道自己是眾人矚目的焦點。他懂得指揮的樂趣，大人得乖乖地聽他發號司令，像是只要他發出「我要」的命令，他就可以快速取得想要的東西。寶寶會把玩具拿去給一屋子的大人，相信接受到禮物的人一定會非常感謝和順從。他會伸出手去要求人家抱抱，完全相信別人會百依百順，這些行為產生了一種全能的光榮感。這個階段的寶寶知道如何使用權力，如何擺脫他的無助，也知道如何樂在完全主導的時刻。

想做卻做不到的沮喪

　　可是一旦從無所不能的狀態跌倒的話，情況可是相當慘烈。寶寶認為全世界都被他踩在腳底下，但同時他卻無法撿起近在眼前的飲料。他覺得自己可以用雙手撐起自己的身體，驕傲地微笑，享受旁觀者的掌聲和讚賞，但他卻得努力去承受上半身的體重。經過一番努力，他的手臂還是屈服了，他整個臉都伏貼在地板上，他的小腹貼地，無法動彈。有時候就算看到喜歡的玩具，就是拿不到，只能後退無法前進，或是就算真正踏出奇蹟似的一步，心中才出現樂觀的景象，但突然間地毯改變方向，於是他又栽了個跟斗。

　　寶寶的生活充滿這些兩極化的狀況，有很多進步，也有很多

新樂趣，但一路走來也有數不盡的意外難關。寶寶會經過實驗犯錯的微妙過程，在面對成功和失敗快速交替出現的時刻仍保持自尊。六個月以上的寶寶或許不會記得他早期的嬰兒生活，但無助的經驗卻可能讓他們永難忘懷；好像在他們內心的某個角落，還是會記得當他很小時得完全依靠別人幫忙才能生存的情況。在許多方面，這些都已經拋諸腦後，但他並不會全盤忘卻。當肚子很餓、感到寂寞或害怕時，就算更大的寶寶（更不用說大人）都會有點失控，就像又回到嬰兒時期，肚子餓時渴望奶嘴或是乳頭，但是就是無論如何不可得時。這個階段的寶寶非常努力去了解自己的定位，他們一直擺盪在無助以及站在「世界頂端」，既冒險又愉悅的感受。

面對寶寶的跌跌撞撞，父母該怎麼做？

看到摯愛的人一路跌跌撞撞過來可以是非常令人窩心的，有時又有點搞笑，有時是非常折騰人的，全視情況而定。有時也視父母忍受挫折的能力，以及我們有多少程度允許自己——而不只是寶寶——就只是個有喜怒哀樂的平凡人。看著寶寶經歷勝利和屈辱，無論父母心裡有多少掙扎，寶寶需要父母非常敏銳和細心的照顧。

提供寶寶偶爾可以掌控的環境

從寶寶一出生，父母其中的一個角色就是提供他偶爾可以掌控的環境。當他哭泣時就有東西吃，隨手就可拿到玩具，這會讓他覺得自己很厲害，甚至有時覺得自己無所不能。寶寶從一出生就非常需要這類的經驗，這樣他們才能建立自己的能力和信心。舉例來說，三個月大的寶寶如果可以在喝奶或喝完奶時把玩乳頭或奶嘴，讓他們在嘴巴一會兒進一會兒出，證明他們有辦法讓乳頭和奶嘴進出自如，這對他們來說是很大的樂趣。對大部分的媽媽來說，這些也是相當珍貴和令人感動的時刻。我們憑本能就知道寶寶需要這些經歷而無法一次面對太多的挫折或是無助。

不能讓寶寶覺得他可以無法無天

但當寶寶自以為是，誤以為自己真的無所不能時，他也需要知道大人們不可能讓他無法無天，無論他如何挑戰極限都一樣。

傑克在十一個月大時想要把手放在電視機上，他帶著期待的眼神看著媽媽，心裡正等著她會說：「不可以！」當媽媽這麼說時，他會很興奮地一直笑，整個人高興得手舞足蹈，幾分鐘後他又會把手伸出去，期待同樣的反應。就像大部分的遊戲一樣，至少部分的樂趣在於知道遊戲規則是什麼，每次看到預期中的反

貼心小叮嚀

父母可以提供寶寶安全的範圍去探索他狂野的感覺和衝動，而當寶寶太離譜時則要加以制止。

應，就可以使緊張的氣氛稍微舒緩。

　　或許傑克就跟許多其他同年齡的寶寶一樣，也喜歡證明媽媽是值得信賴的對象，可以為他設立界限和遊戲規則，使他有安全感。雖然寶寶就跟幼兒和青少年一樣也會抗議，不斷挑戰底限，當界限守住時，他們會有鬆一口氣的感覺。父母應該認真看待寶寶的憤怒和氣憤。但當我們協助寶寶在自己脆弱的感情方面設立界限時，我們也會讓他們知道無論多麼生氣，或覺得自己有多棒，我們都不會讓他們騎到頭上去。作為發號司令的老大在當下感覺很好，但如果寶寶開始覺得自己可以指使我們的話，那麼他可能很快就會踢到鐵板。我們可以提供寶寶安全的範圍去探索他狂野的感覺和衝動，確認如果寶寶太離譜時要加以制止。

鼓勵寶寶多冒險多探索世界

　　當寶寶漸漸長大，我們也有過渡期要適應。我們已經習慣提供寶寶或是為寶寶拿他們想要的東西，在第一時間滿足他們的需求，有時至少會聽從他們的命令。但我們所扮演的角色也會帶來新的挑戰。面對年紀較大的寶寶，我們必須給他們更大的範圍，多鼓勵他們。當他們學爬的時候，故意把球放在他們拿不到的地方，當他們在玩某個玩具感到挫折時，先不要管他們，不要讓他們為所欲為。

> **貼心小叮嚀**
>
> 即使是十二個月大的寶寶都有潛在獨立的本能，父母要學著放手。

貼心
小叮嚀

當寶寶學爬的時候，故意把球放在他們拿不到的地方，當他們在玩某個玩具感到挫折時，先不要管他們，讓他們體會一下什麼是挫折和沮喪，讓他們知道這些都是可以處理的。

也許他們會帶著怒氣看著我們，但當他們自己做得到時，通常都會很感謝父母。父母可以很溫和地幫助他們認識挫折和沮喪，讓他們知道這些都是可以處理的。同時也讓他們知道有內在的資源可以克服難關。我們要讓寶寶學會獨立思考的樂趣，當我們讓他們獨立面對一切時，看看他們的應變能力。

令人驚訝的是，通常鼓勵寶寶盡量發揮潛力，多冒些風險，多獨立完成某項工作，多探索世界，遠離母親保護傘的人都不是媽媽。媽媽對寶寶成長和獨立時的過程都是憂喜參半，也會比較保護寶寶或是緊抓住他們個性比較脆弱的部分。爸爸則通常都比較輕鬆以對，他們的角色有時堅強，有時則充滿挑戰。這些各式各樣的角色代表兩股緊張力量的拉扯：想和媽媽永遠保持親密與安全的關係；但卻又得面對外在的誘人世界；以及由「爸爸」或第三者作為代表的誘人外在世界；那是一個冒險的國度，一方面要冒風險，但另一方面則又漸漸獨立。

放手讓寶寶自己去成長

這個階段寶寶的彈性相當令人訝異。儘管一再失敗，他們想要繼續成長的動力卻讓人讚賞。有些寶寶在追求目標時比較有毅

力，不屈不撓，能夠面對過程中所
遭遇的挫折和不耐煩。有些寶寶則
對往前邁進成長顯得比較鬆散，或
許是天性就比較缺少動力的緣故。
他們會在每個成長階段逗留比較長

的時間，直到完全準備好為止。當他們的父母渴望趕緊達到下個
里程碑時，他們似乎對自己的步調很怡然自得。

　　當事情不順利時，事實證明寶寶很有辦法能夠轉移注意力。
如果他們無法做到某件事時，會很快找到其他可以得心應手的
事。莉雅在九個月大時非常努力地學習爬行，但卻功敗垂成，因
此感到非常挫折，士氣低落。但她並沒有哭，她突然指著唾手可
得的玩具，然後捉住它發出雀躍的哭聲，好像那是她夢寐以求的
東西。同樣地，當寶寶和爸爸或媽媽處不好時，她也會把焦點轉
移到另一位對象身上，包括阿姨、其他家庭成員或是友人，甚至
是完全陌生的人來獲取最佳的結果。

　　這些衝動對他們都有很大的幫助，也就是開始運用現有的資
源來做事，至少可以幫助他們度過困難。自然而然地，我們不會
期待或希望寶寶能夠盡量避免遇到所有的挫折或是逃避困難，但
如果可以稍為喘一口氣的話還是很好的。

　　寶寶另一項令人印象深刻又感動的能力就是可以原諒讓他們
失望的東西和對象。前一秒鐘他仍覺得很麻煩，氣沖沖對著它大
吼大叫的玩具，後一秒鐘寶寶可能又把它撿起來又親又抱。

為什麼我的寶寶做不到？

寶寶很容易和其他幼兒感同身受，別人的成功好像就是自己的光榮，別人的跌倒也讓他們感到失敗。有些寶寶比別人有上進心，因此不用說，有些父母天生比較有企圖心，因此無論是有意或無意都會對寶寶有比較高的期待。許多父母會鞭策自己的寶寶要繼續努力學習新技巧才能達到新的里程碑，這樣他們才跟得上或超越同儕，就算寶寶自己不在乎也一樣。

喬治亞在九個月大時一點都不想有任何進步，她只想坐著就好。她的媽媽席薇雅有空就帶她到母子團體，有次席薇雅發現其他小朋友都已經會爬或是挪挪屁股。

我們把寶寶放在腳邊，坐在那裡聊天，在我不注意的時候，其他四個寶寶都已經不見了。喬治亞卻仍獨自坐在那裡，玩她眼前的玩具。我突然有種強烈的感覺，可以說是丟臉的感覺：「為什麼我的寶寶做不到？她有什麼問題？」我知道喬治亞和往常一樣快樂，自己玩得很高興，完全沒注意到別人，但是這的確讓我很困擾。

回想這段往事，或許席薇雅在那一刻回想到，在自己的生命中突然落後別人時。看到別人都往前走了，自己的小孩卻落後一旁好像很失敗。任何人心中都可能會有這種感受。當我們很在意寶寶的表現時，真相其實是，也許我們很在意的是自己的童年。

要接受和隨時掌控寶寶生活的各個層面相當不簡單。既有權力又魯莽的小傢伙常對父母發號司令，有時卻又崩潰飽受打擊需要人家擁抱。在喜歡發號司令的寶寶心中，或許他們會突然提醒我們自己不喜歡的一些特質，讓我們比平常更容易惱怒。或者如果我們突然對寶寶的「黏功」無法忍受時，是因為心中某個部分不希望人家提起。當我們發現自己小孩身上有些我們不想看到的特質時，那是種相當複雜的心情。我們的感覺有時會因為太過強烈而模糊焦點，因為寶寶可能有完全不同的感受，因為那是屬於寶寶自己獨特的優點與缺點。

貼心小叮嚀
當我們很在意寶寶的表現時，其實真相也許是我們在意的是自己的童年。

貼心小叮嚀
孩子是反應父母內在的一面鏡子，是對孩子的期望，還是父母對自己的期望？

第五章

當媽媽重回職場時

媽媽要重返職場,心情真是矛盾和充滿罪惡感,

最困難的莫過要如何跟寶寶說,而寶寶能懂、能接受嗎?

開口說再見,真的很難,

但切記,媽媽絕對不能偷偷溜走,

會對孩子造成極大的陰影和傷害。

回職場工作,衍生的問題就是寶寶交給誰來帶呢?

家人、保母還是托兒所?

寶寶和媽媽又要如何度過這段痛苦的轉折期呢?

本章會一一剖析問題、分享心情及提出因應之道。

在寶寶一歲或是一歲多時，許多媽媽都會返回工作崗位，以及停止餵母奶，有時候這兩件事情是有關連的，因為上班時要餵母奶是不可能的。但有時候這兩件事是分開決定的。許多因素會影響寶寶面對這樣重大轉變的反應，包括年紀、個性的韌性度、他和父母間的感情、早期面對失落感或分離的態度，以及是否已經準備好對母親以外的人產生依賴感。

　　當然，這其中有很大部分是取決於環境和媽媽的性格，還有媽媽是否可以集合自己的資源，用來幫助寶寶面對眼前的挑戰。媽媽在這些時候需要面對很多問題：她是否能保持信心繼續做正確的事，同時又抱持開放的態度看待寶寶想跟她表達的需求，以及寶寶的各種感受？她是否能夠同情寶寶對失落或憤怒的感受，為寶寶承擔痛苦，同時又可以處理自己後悔、難過或罪惡的感覺？媽媽是否可以在遇到困難時處之泰然，很快就能打起精神或鼓勵寶寶，而不是讓寶寶難受或憤怒？尤其當媽媽重返工作崗位時，她是否能對寶寶的事情稍微放手，使其他人能有機會更接近寶寶，分享親密的經驗如：餵奶、幫寶寶洗澡、安撫以及和寶寶嬉戲？

　　在這些過渡時期，難免會有失落感、悲傷、憤怒以及焦慮，但只要能夠保持敏感的心思細心處理，並不代表這些感受會造成創傷。只要父母能隨時掌握自己的狀況，讓寶寶知道他的感受可以被接受和了解，他就會知道，改變和失落雖然會帶來痛苦，但卻是可以處理的，有時反而還會製造新的機會。

重返職場，
心情矛盾且充滿罪惡感

當媽媽重返職場時，通常多少都會帶有罪惡感，而且有時還是相當大的比例。罪惡感還分為很多種，被迫返回職場的媽媽心中的罪惡感；和自願選擇重返職場，想和寶寶暫時分開一下，換取自己時間的媽媽是不同的。罪惡感的處理是否得當，得看媽媽獲得多少的支持，包括寶寶的父親、父母，或是朋友、職場的同事，以及媽媽不在時幫忙照顧小孩的人。這些人都能幫助媽媽保持客觀的態度，讓她有足夠的信心，相信自己仍然是好媽媽，寶寶沒問題。

寶寶會有某些階段比較依賴媽媽的安撫，通常媽媽可能會覺得寶寶最需要自己的時候，就是返回職場的時候。有時候這是真的（稍後會提到），但是父母對分離的感覺，會影響到他們如何看待自己的寶寶在處理分離這個議題，也因此很難客觀注意到寶寶是何時開始焦慮的。

貼心
小叮嚀

越多人支持媽媽重回職場，媽媽的罪惡感就越少。

開口說再見，很難！

珍妮在海倫七個月大時又恢復兼差的工作。每次要和海倫分別時，她就覺得特別難受，因此認為或許應該偷偷地離開不要讓海倫知道她要去上班。但是當海倫知道媽媽已經離開家時，她就會非常激動，持續大哭特哭一個小時。她也開始會在半夜驚醒，需要多喝點牛奶或很多的安撫才有辦法再入睡。最後，保母建議珍妮應該直接跟海倫說再見，就算得面對她一大串的淚珠也沒辦法。珍妮很不情願這麼做，她看著海倫的眼睛，向她揮手道再見。海倫的確哭得很傷心地看著媽媽離去，珍妮站在外面，也忍不住掉眼淚。但出乎意料之外的是，經過幾分鐘，海倫已經恢復平靜，保母也拿玩具和飲料給她。

當珍妮在學習如何和女兒道別時，或許是想避免自己和海倫面對面說「再見」的難過時刻。事實上，如果珍妮沒有事先跟海倫說要離開就消失的話，海倫的反應反而比被事先告知強烈許多。各個年齡層的寶寶都會尋求某些模式、關連和意義，使他們的世界變得比較有預測性，也比較可以處理。突然的改變或消失，會使寶寶的心理連準備的機會都沒有，再次讓他們的生活陷入混亂，好像又回到剛出生時的那個階段，總是陷入困惑的狀

> **貼心小叮嚀**
>
> 父母面對和寶寶離別時，絕對不要偷偷離開，沒有說再見，對寶寶來說是很嚴重的打擊。

態。就算年紀比較小的寶寶不了解「再見」的意義，但卻仍然能夠以相當令人訝異的速度，從其他線索去了解（也許是揮手、擁抱或聲音的語調都代表媽媽的離去）。寶寶如果越習慣分別之後再度相聚的模式，他們就越能夠調整自己的步伐，熟悉分別的痛苦，同時也在增加他們的安全感，確定媽媽一定會回來接他。

　　或許海倫就跟大部分的寶寶一樣，只要有機會在珍妮面前直接表達心中的憤怒或不安，就比較能夠面對媽媽不在的情況，知道媽媽真正了解她們內心的感受，不會丟下她獨自去面對這個情況。可是當媽媽們心情也很混亂時，這種情況就比較難處理，也難怪她們總會想要偷偷溜走。假如我們能夠鼓起勇氣去處理混亂的思緒，而不是一味地躲避，就有機會讓自己和寶寶去經歷這段有點困難，但卻很重要的過程，最後可能會發現自己其實處理得還不錯。寶寶在發現父母能夠包容他們的怒氣和不安的情緒時，心中也會稍微鬆一口氣。無論多麼困難，父母總是會努力去接納、了解他們，就算一切對彼此來說都很棘手也一樣。

當寶寶拒絕妳的時候

　　克萊兒在西恩八個月大時返回兼差的工作崗位。她熱愛工作，但每次一到要和西恩分開時就很難過，心中有一股罪惡感。

　　事實上西恩在媽媽離開時會感到難過，但還是和新保母相

處得很好。克萊兒在西恩四個月大時就停止餵母奶，因為她實在不喜歡餵母奶，也因此常感到罪惡。當西恩開始吃副食品時，克萊兒覺得可以烹煮西恩最喜歡的菜色「做些補償」。因此餵副食品，成為他們都很喜歡的特別時刻。

在克萊兒返回職場一個星期後，她注意到西恩對他本來很喜歡的菜色變得不屑一顧。

我記得，有天早上正在做西恩最喜歡的防風草地瓜麵包時，我餵他吃了一口，但他試一口以後就不願再吃，露出訝異的表情，好像那是全世界最噁心的食物。他咬了一會兒，表情也不停地變化，我的心情一直吊在半空中，我站在那邊等，問他：「要再吃一口嗎？還是不要？喜歡嗎？」他笑了起來，開始快樂地咯咯笑。我鬆了一口氣，我們終於又恢復平常的樣子，幾分鐘之後，他突然發出一陣怪聲音，把食物吐在我的臉上，我覺得他是故意針對我的，我鼓勵他繼續吃，而他不願意，我越來越覺得很悲慘，最後只好放棄，給他一罐現成的東西，但是我的內心卻相當沮喪。

從這個例子就可以看出，無論是媽媽或寶寶，在面對改變和越來越來越頻繁的分離時有多困難。西恩似乎想釐清對媽媽的複雜情緒。起先，他似乎想揶揄媽媽一下，因為他覺得一會兒喜歡、一會兒不喜歡某種食物很好玩，這樣可以讓媽媽一直猜西恩是否會屈服接受，讓媽媽燃起一線希望，西恩只是在跟她玩。不

過或許西恩也在嘗試如何表達心中的憤怒。

　　克萊兒顯得很消沉，她很在意每件事，可能很難面對自己失去和寶寶曾經有過那麼親密的關係。但當她馬上表現出受傷的感覺時，西恩反而覺得自己好像找到使力點，可以產生影響力。寶寶經常能夠正確無誤地按下按鈕來刺激父母正面和負面的反應，其比例之高令人訝異，更不用說學步期的小孩或青少年了。一旦他們找到了就會一直按，好像很沈醉於自己的力量。

　　就像寶寶拒喝母奶，媽媽會很沮喪一樣，克萊兒發現西恩居然拒絕她準備的食物時，她也有同樣的感受。雖然她當下沒有注意到，但在內心深處她也許深受重返職場的影響。某種層面，她可能擔心西恩對她生氣，對西恩造成太多傷害，使得西恩永遠都不會原諒她。因此，如果西恩喜歡媽媽為他準備的食物的話，對她而言，有很重大的意義，因為這代表西恩仍然喜歡媽媽以及想要媽媽。

　　對西恩來說，或者對所有寶寶和幼兒來說都一樣，戰勝媽媽一開始似乎令他感到興奮，但其實也令人相當憂心。這些憂慮會在某個階段浮上台面。當天下午，當克萊兒幫西恩換尿布時，西恩的心情低落，悶悶不樂。他用玩具打到自己的臉，哭得稀哩嘩啦，克萊兒安慰他，後來他們和好如初。這是很常見的現象。當西恩受傷之後，明顯需要媽媽的安撫，這使媽媽重拾信心，知道寶寶還是愛她以及需要她。

親子一起面對、處理分離時的悲傷和憤怒

　　克萊兒發現，一看到兒子不舒服就過去安撫他這樣比較簡單，她可以完全確定兒子的不舒服不是因為她的緣故。這次可以確定的是完全是他自找的。當父母有罪惡感時，如重返職場或停止餵母奶等情形，會比較無法為寶寶設想，因此，容易把憤怒或沮喪都歸咎於寶寶，不管事實如何。在這些情況下，父母很容易覺得自己處在罪惡感的壓力之下，反而無法忍受絲毫的批評或些微的敵意，但還不至於到遭受迫害的程度。在西恩生氣和戲弄的背後，以及無論他如何挑戰媽媽的極限，都隱藏著他對母親至深的愛意，希望她能夠牢牢記住這一點。

　　面臨各種情緒紛擾的情況，要釐清到底發生什麼事是不太可能的，更不用說要把事情做對做好。當我們很堅強，對自己有信心時，寶寶的一丁點敵意或是拒絕，甚至是很強的敵意或拒絕時，都可以視為是作為父母就會遇到的事。讓自己認真的面對它，卻不需要太放在心上。寶寶會知道我們將他的感受放在心上，而不會感到太受傷，彼此之間的界限似乎仍保持不變。

　　但當我們對自己的信心不夠，有罪惡感或沮喪時，拒絕代表另一種完全不同的意義，寶寶突然可以對我們發號司令。這對雙方來說是令人憂慮的，這時就需要第三者來幫助爸爸或媽媽，再度以成人的角度看事情，以及分析情況。當憤怒和愛兩種情緒交替出現時，代表彼此之間的親子關係逐漸加深，衝突和誤會在所難免，特別是在轉折期時，父母和寶寶都面臨讓人掙扎的分離及

繼續成長的挑戰，他們都得適應分離的時刻，處理雙方心中的悲傷和憤怒。

把寶寶交給誰來帶？

　　要讓家人以外的人成為寶寶生活中的中心人物，對父母來說是相當困難的一件事。為寶寶選擇適當的托嬰機構，也經常會產生壓力和不安，尤其是寶寶還很小的時候。

　　喬伊描述，她在寶寶八個月大時，每週一次交給保母的心路歷程：

　　保母人相當好，也很有經驗，但我整天還是擔心她是否會摔著寶寶或發生意外。我實在無法忍受保母餵他奶，我不太確定她是否會餵他健康食品，所以通常都是我自己為他準備餐點，雖

> **貼心小叮嚀**
>
> 無論選擇哪種托育方式，如果父母真的覺得找到可以讓人放心的對象，寶寶同樣也會感到安心，在面臨分離的時刻，壓力也會小一點。

然這樣會花掉很多時間，保母也說過她來做就好。過了一段時間以後，我覺得這樣實在不是辦法。她真的是很有經驗也是相當好的保母，但是，我就是無法放手把寶寶交給保母。沒多久，我就送寶到托兒所，一切才變得比較單純一點。

　　有時候我們把寶寶交給他人的罪惡感，會轉嫁到我們所託付的這個人身上。有時候我們也不太認為寶寶和父母以外的人培養出深厚感情對我們會有什麼好處，就算這些人做些調整或改變也一樣。有些媽媽，像喬伊，覺得把寶寶送到比較少親密環境的托兒所比交給保母好，或許因為保母是「母親代理人」，容易有競爭或矛盾等複雜情結，而托兒所會比較少一點。

　　幸運的媽媽可以把寶寶交給親近的人，或許是寶寶的爸爸或自己的媽媽，這樣會感到比較安心，讓寶寶也能享受和其他人的關係。無論我們選擇哪種托育方式，如果真的覺得找到可以讓人放心的對象，寶寶也同樣會感覺得到，也同樣會感到安心，在面臨分離的時刻，壓力也會小一點。

別擔心，其他的照顧者搶不走寶寶對媽媽的愛

　　有些媽媽承認，很難接受寶寶和新照顧者發展出越來越濃厚的關係，並且喜歡這樣一個新的體驗機會。要媽媽放棄與寶寶專屬的人際關係是相當痛苦的事，和別人大方分享寶寶的熱情更是困難。但就像我們離開寶寶，容易有罪惡感和焦慮一樣，我們忽略了無論寶寶可能和保母、托兒所的老師或其他家人相處得非常快樂，寶寶仍會注意到我們不在身邊，這是他們很在意的事。有時候寶寶在白天並沒有任何心情不好的徵兆，但在其他分離的時間，如睡覺前，或像西恩一樣，在媽媽重返職場時，突然拒絕媽媽準備的食物。有些寶寶則會在媽媽回家時冷漠以對或是非常不

高興，甚至表現出比較喜歡和保母在一起的樣子。

我們很容易就疏忽這些事情之間的關連，以及寶寶其實是很想念我們的事實，尤其是我們會一直認定寶寶很喜歡新的生活步調。事實上，寶寶的確會和奶奶、保母或是在托兒所玩得很開心，但他還是很想念媽媽，他們表現的方式可能有很多種。有些寶寶可能在面臨分離時壓抑自己的情感，不願表現出負面的情緒，默默承受現狀，就算媽媽回家也一樣。通常父母都會期待寶寶會從一個模式轉換到另外一個模式，希望每次他看到我們時都會給予雀躍的擁抱。但對大部分的寶寶來說，暴風雨會在某一個時間點爆發，當他們有足夠的安全感時就會把內心深處的感覺表現出來，無論是要求媽媽抱抱、踢腳，或是以一路尖叫回家的方式表達。

當然，有時候媽媽重回職場的確會帶給寶寶很多壓力。有時媽媽在寶寶可以處理的分離時間內就回來了，有時媽媽上班時數超乎寶寶可以承受的範圍。我們必須保持彈性了解寶寶的實際情況，審慎地觀察他可以和不可以處理的狀況，這是很重要的。如果可以的話，當寶寶需要我們時，就得改變計畫。很顯然，有些婦女因為財務壓力或嚴苛的工作契約義務，她

貼心
小叮嚀

對於重返職場的婦女來說，最好用慢慢妥協的方式重返工作崗位，例如：工作時數比之前減少，或如果寶寶需要的話，在托育安排上有些調整，好讓整個過程不那麼令人害怕。

們毫無選擇，只能繼續過著對自己和寶寶都不是很理想的生活。這種情況相當令人感到痛苦，也更難隨時掌握寶寶的狀況。也因此，更需要隨時注意，並且幫助他度過這段期間。對於重返職場的婦女來說，她們必須用一種慢慢妥協的方式重返工作崗位，例如：工作時數比之前減少，或如果寶寶需要的話，在托育安排上有些調整，以讓整個過程不至於那麼令人害怕。

在重返職場的這段期間，特別是在調適的這個禮拜，一切都會變得比較混亂，媽媽和寶寶都會變得比較焦慮。有時要過一段時間之後，才會比較安定下來。但是，一旦取得平衡點，那些很幸運能夠樂在工作的婦女會發現，擁有一點自己的時間，反而使她們更心存感恩，更珍惜和寶寶在一起的時光。

停止母奶了！

許多重返職場的相關問題，都跟停止餵母奶有關，但對很多人來說，這個問題有個特別讓人感到痛楚的部分。

媽媽通常會擔心，一旦停止餵母奶，會失去她們在寶寶心目中特殊的地位。有些媽媽還因為失去提供寶寶安撫、親密感和安全感的這項重要來源而感到心情低落。餵母奶通常被視為和寶寶最初生活的連結，代表寶寶與人擁抱、餵奶、獲得安全感和關愛的最初來源。一旦放棄這項來源，寶寶這部分珍貴的生活似乎也

將永遠不再回來。除此以外，從餵母奶中獲得安撫、安全感和關愛的不只是寶寶，停止餵母奶，也代表母親忍痛放棄這項屬於她的權利。

有時候停止餵母奶是因為重返工作崗位或其他實際的考量，但有時候在決定時得考慮到母親和寶寶的感受。在這種情況下，寶寶需要我們為他們堅強起來，使他們敏銳但又堅信地察覺到我們認為是該停止餵母奶的時候。因為假如我們一味地傷害寶寶的感受，就無法正視寶寶也需要我們在他們的需求和渴望中做個限制。他們不會讓父母知道什麼時候已經滿足，什麼時候已經準備好斷奶。如果我們繼續餵母奶（或其他替代品）超出我們的承受範圍，把斷奶的時間往後延，這麼做長期來說，對自己或寶寶都不是件好事。正如我們所知道的，寶寶會很快感受到強大的力量，以為他們可以從我們身上予取予求，以為我們缺少說「不」的力量。如果父母有勇氣保持設立的界限，這對寶寶是很大的幫助，這樣一來，我們可以幫助寶寶從經驗中學習如何面對變化和失落，此外，背後還有堅強的媽媽幫助他度過這段期間。

另外一個極端的現象是，有些媽媽太小看停止餵母奶所造成的衝擊，硬是對寶寶和自己的失落感視而不見。她們或許會很快就適應，不願意去面對停止哺乳對寶寶所產

貼心小叮嚀

如果父母有勇氣保持設立的界限，能夠對寶寶說「不」的話，這對他們是很大的幫助。

生的負面影響。這樣的媽媽或許會
以這種方式來處理，因為她們認為
這樣對寶寶也比較簡單，表面上或
許是如此，但寶寶也因此失去更了
解自己的重要機會。假如寶寶能夠

貼心
小叮嚀

正視斷奶對寶寶
和媽媽的正負面衝
擊，不要漠視這個重
要的階段。

以比較有意義的方式來討論轉型期所帶來的痛苦和複雜情緒，這
樣可以幫助他在下次面對失落感或分離的情況有更進一步的理解
和更好的處理。

吃奶的回憶永留心中

　　餵母奶告一段落也會帶來正面影響，其他家庭成員或許會
稍微鬆一口氣，因為媽媽和寶寶不用因為餵母奶，而整天黏在一
起，爸爸、其他的兄弟姊妹和祖父母也因此有機會可以多和寶寶
有接觸的機會。媽媽也因為不需要餵母奶，身體又再次屬於自己
而感到輕鬆，也可以重新再擁有另外的生活，和寶寶的關係則已
經進入下個階段。有些媽媽觀察到一些寶寶在斷奶後，反而比較
能夠大方地表現出熱情。有位媽媽形容她的一歲寶寶在斷奶後，
馬上走過去親吻她，這是當初還在餵母奶時，寶寶從沒做過的
事。或許就算寶寶斷奶，就算寶寶準備好進入下個階段，就算自
己有點悲傷，但心中還是鬆了一口氣，甚至感到有點自豪。

　　大部分的媽媽都會珍惜寶寶喝母奶的那段時間，就算已經斷
奶多年以後，甚至寶寶自己都還會想起喝母奶的時候。喬在描述

她餵母奶時的經驗提到，就算在寶寶斷奶四年後，她記憶仍然相當深刻：

　　當我停止餵母奶時，心裡居然不可思議的難過。事實上我可能比寶寶還難過，花了好長一段時間才適應。現在，就算她把果汁從水杯噴出來，用專注的眼神看著我，或用她特有的方式拿食物，我都會在她身上再度看到寶寶的身影，讓我想起她喝母奶的樣子。這讓我感到喉嚨好像卡了一塊東西一樣，好像又突然看到寶寶一樣，但卻再也不會回來了。當初的寶寶現在已經長大成為可愛的幼兒，我為她這一路走來的進步感到驕傲。

　　對小孩來說，父母記得他們兒時模樣，不只是看到他們現在的樣子，還有小時候的樣子是很重要的。當父母完全了解同時記得小孩的點點滴滴時，他們會有融入感、安全感，還有受到了解的感受，使他們可以擺脫寶寶階段進入幼兒階段。寶寶可能會在內心深處，或許是潛意識的層次，記得嬰兒時期的無助感，同樣地，她也隱隱約約的記得寶寶階段的美好回憶，包括在喝母奶時受到的安撫及擁抱的親密感。在面臨斷奶痛苦的階段時，如果知道他們心中有這兩種層面的記憶或許會讓父母稍感安慰，加深寶寶對被愛和養育有更深一層的認知，得以幫助寶寶面對往後人生的挑戰。

　　在寶寶成長的每個階段，無論是媽媽重返職場或斷奶，我們都會擔心寶寶無法忍受其中的痛苦。但就算是心情不好又焦躁的

寶寶，還是會在一大早給我們一抹燦爛的微笑。無論是在面對失落或分離的時刻，父母對於自己成功地與寶寶一起面對失落與分離，並在其中折衝，總帶有一絲驕傲和雀躍之情。媽媽和寶寶會發現彼此都有所收穫。彼此的關愛仍然存在，憤怒、焦慮或悲傷都已成為過去。或許父母和寶寶都比我們想像中堅強許多吧。

▍準備好進入學步期

　　寶寶快滿一歲時，父母懷裡抱著的不再是嬌小、溫暖和軟綿綿的寶寶，當初他就像是父母的延伸，會在父母肩膀上睡著，也會用溫柔和信任的方式鑽進我們的懷抱。剛出生的這種親密感已經轉變成更複雜和深層的關係。現在所面對的是令人無法抗拒的可人兒，既愛發號司令、個性陰晴不定、易怒，但卻又忍不住對他充滿無比的關愛。現在的他已經不只和以前不同，他已經準備好要進入學步期。

　　當一歲兒好像已經遠離新生兒階段那個感到無助、恐慌或是幸福到不行的樣子，這些最初和兒時的感覺其實並不會完全消逝。這些感覺偶爾會在早期幼兒階段出現，只會在寶寶繼續成長過程中漸漸消逝。當寶寶長大成人時，他很少有機會可以感受這麼鮮明的狀態，或許，要等到他有了自己的小孩之後，這種機會才會再出現。

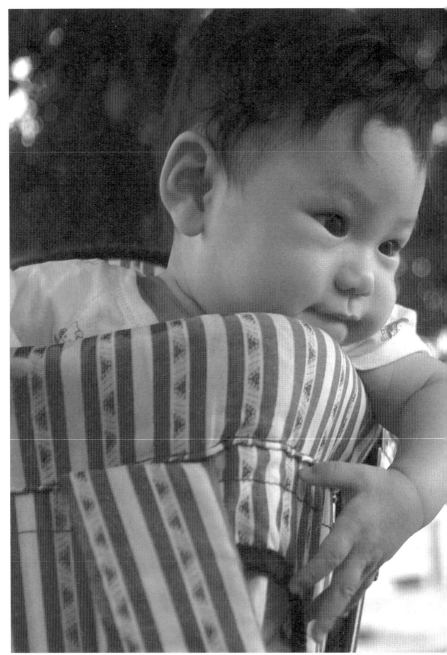

柯葉晨，柯曉東攝影

——第二篇——

充滿好奇的小東西
1歲寶寶

文／莎拉‧瓊斯（Sarah Gustavus Jones）

【介紹】

寶寶已經一歲了，也可以說是歷經豐富精彩的旅程，從一出生開始，一天天長大成為白白壯壯的一歲寶寶，回顧這一年的種種，也可說是不足為外人道。

賽門的媽媽提到寶寶的第一年就像做夢一樣模糊——充滿各種活動和強烈的情緒變化，有時難得有點安靜和愉悅的幸福時刻，但還是嚴重的睡眠不足。有時候會覺得新生兒的需求超越一切，因此父母還是非常希望能夠擁有一些屬於自己的時間。母親和寶寶之間的親密關係一開始是相當消耗體力的，但是對於弱小的新生兒，在身體和情緒需求都是相當重要的。他們需要經常有人抱在懷裡、有人餵奶、有人幫他們保持清潔和安撫。他們睡覺時，周遭的人通常都已經累垮。這份工作可以算是世界上最困難的，卻也是最值得的，但是在情緒方面的付出卻是超乎想像。

寶寶在一歲時無論在生理或是心理都還是很需要依賴他人，但他們所帶來的挑戰和需求都已經改變。寶寶已經不再需要（至少不再常常需要這樣）緊湊、全神貫注、每天每分每秒緊盯著的照顧方式。但是對父母和照顧者來說，努力去了解寶寶的需求，用有幫助的方式回應他們，仍然是最美妙又最負挑戰性的工作。所有這些心路歷程都是在寶寶一出生就開始，直到他長大成為獨立又懂得保護自己的個體為止。

賽門滿一歲時，他的媽媽說她才又開始感覺像自己，而不只

是「賽門的媽媽」。雖然她很愛賽門，也很喜歡她的新角色，但有一些屬於自己的生活感覺還是很好。當賽門的媽媽說話時，他就在媽媽身邊，坐在地板上，完全被他的小生日派對所吸引。他似乎也開始對媽媽以外的事情感到興趣。對他來說，在媽媽身邊容許的安全範圍內，外面的世界似乎越來越吸引人了。

那麼一歲寶寶眼中的世界究竟長什麼樣子？當寶寶還無法用言語解釋給我們聽時，父母要如何開始了解他們？T. S. 愛略特（T. S. Eliot）在＜阿尼慕拉＞（Animula）這首詩裡面想像自己擁有小孩的心智，他描述寶寶長大成為一個小孩，發現很多奇妙又驚奇的事情。

有時候我們會遇到一些讓人著迷的事，使人忘了去追究它的精確度。我們會看書、聽廣播或是音樂，欣賞戲劇表演或電影，到畫廊去或者只是和朋友聊聊天。突然間，某個人的經驗、智慧或是想像力，呈現出最真實的精髓。我們的經驗透過別人的表達呈現在眼前，使我們有更完整的認識。這種感覺相當令人滿足，是無法用言語形容的，就好像讓我們更了解自己的個性，幫助我們更能活出自己，更深入地探討自己的性格。

或許這就是為什麼很多父母會繼續努力了解自己的寶寶，同時又照顧到他們生理上的需求。他們很想多了解自己的寶寶，希望盡量幫助他們的人格成長，發揮潛力。這樣的作法並不會過於理想化或是過於感情用事，而是出於愛和充分了解寶寶實際感受為基礎。如此一來就可以連結到寶寶對真實生活與現實的體認以

及他們的個性，了解他們，長期來說，可以幫助他們了解自己、活出自己。父母和照顧者是寶寶世界中最具潛力的藝術家，其中的創意包括要了解他們，如果成功的話，對大人和小孩都是相當充實且具有成就感的。

第一章

一歲寶寶學會什麼？

一歲了，寶寶開始牙牙學語，也開始想要跟大人對話。

此時，可以透過兒歌、圖畫書來幫助寶寶學習語言和激發想像力。

學走路也是此階段很重要的一件事，

這代表著寶寶的世界又向外擴展了一大步，

並從探險中建立起自信來。

這時需要注意的是如何打造一個安全的居家環境，

讓寶寶能夠盡情探索世界。

學講話

親子從什麼時候就可以開始對話？

當被問到從哪個階段開始和女兒愛莎對話時，她的媽媽想了一下回答說：「在她出生之前就開始了。」很顯然，愛莎在媽媽肚子裡時經常會有非常明顯又快速的胎

動。這時，媽媽就會拍打肚子問她要做什麼。愛莎一聽到就會安靜下來，好像「在聽」媽媽跟她講話的聲音。當媽媽停止講話，不再摸肚子時，愛莎又會開始快速移動，但是當媽媽又開始講話摸肚子時，她又會安靜下來。這種互動式「對話」在愛莎媽媽懷孕後期的幾個月成為她們每晚的固定活動。

愛莎的媽媽還記得到醫院準備生產的情形。當她進入產程時，一切似乎變得寂靜無聲。當時產程進展相當緩慢，助產士建議愛莎的媽媽和寶寶說說話，嘗試著鼓勵她出來，告訴她外面的世界很美好，不需要害怕，她可以呼吸新鮮空氣繼續長大。因此，愛莎和媽媽之間的對話又開始了，最後產程進展順利。

這個例子聽起來有點怪，但令人驚訝的是，對許多父母來說，這卻又是相當熟悉的經驗。尤其是媽媽通常會出於本能地和寶寶展開「對話」。在這種情況下，父母或許可以思考一下字彙和語言發展對一歲兒有何意義？

　　在愛莎的例子裡，她和媽媽之間的「對話」是因為愛莎在媽媽肚子裡快速的胎動使媽媽撫摸肚子對她有所回應。「妳要做什麼？」這些問題顯示出媽媽想著愛莎，想要了解她的情緒，希望能夠安撫她。愛莎的媽媽接收到她的溝通方式，以理解的態度，用語言和撫摸肚子來回應。她們似乎會輪流發言，等待另外一方的反應。這種輪流的方式是由愛莎的媽媽先開始的，好像在告訴尚未出世的寶寶她們之間的對話模式要如何運作。傾聽、嘗試了解和回應的節奏在這個階段似乎比語言本身更重要。

　　露依絲的媽媽也描述了類似的情況。當露依絲三個月大的時候，她每個星期都會由西班牙裔保母麗納照顧幾個小時，好讓露依絲的媽媽有喘息的機會。麗納跟露依絲的媽媽說，當露依絲焦躁不安或想念媽媽時，她會用西班牙文跟露依絲說話。雖然麗納的英文相當好，但她還是覺得用母語和露依絲講話會比較自然流暢，露依絲似乎也會因而感到比較平靜和高興。

　　在早期需要細心照料寶寶的這個階段，對話所傳達的溫暖、理解和語調比具體的字彙更重要。這似乎跟大人的心情有關，也就是要敞開心胸包容寶寶的各種情況。父母或是照顧者如果能夠善用自己內心和與生俱來的資源（也許是跟母語有關）就能夠像麗納一樣和寶寶進行對話，幫助露依絲穩定情緒。有趣的是，幾個月後，麗納

貼心小叮嚀

　　當小寶寶需要有人哄時，最好的方式莫過於讓媽媽抱在懷裡。

又想多講些英文，好像這些字在露依絲滿周歲前漸漸地越來越有意思了。

同樣地，很多父母和照顧者都認為對語言學習前的寶寶說話是很有效的。他們可以詳述一連串冗長有關尿布價格的對話，或是諸如拿掉廚房水槽塞子的技巧。在對話中，寶寶總會在有意義的地方適時地呱呱大叫、咯咯笑或微笑，父母深信寶寶在還沒學會講話之前很喜歡這樣的參與方式。此外，這樣的方式也可以讓寶寶很高興，同時又可以有效地利用這段時間做些其他的家事。當然，一歲兒絕對會讓父母知道他們什麼時候覺得對話的內容很無聊，而且是一點都不需要說話就做得到。

但是當寶寶在學習對話藝術的基本原則時（包括輪流發言的節奏以及習慣聽到一大堆的單字），對他們最有意義的事就是情緒獲得安撫。當小寶寶需要有人哄時，最好的方式莫過於讓媽媽抱在懷裡。這時的一歲兒已經可以透過對話（單字和句子），讓情緒穩定下來。小寶寶會因為聽到某些單字，令人舒服又有溝通效果的聲音而平靜下來，這對他們來說非常重要，而且意義深遠。寶寶漸漸地會知道單字的意義，並且會把它們和自己的經驗結合在一起，讓他們覺得自己在「對話」中的情緒獲得宣洩。就算他們不知道這些單字所代表的意義，他們還是會知道每個單字都有它的意義，這些單字和自己受到別人包容與扶持的經驗是息息相關的。

牙牙學語了

最後寶寶學會講話。有些寶寶比較早開口講話，有些比較晚，但通常都是在滿一歲之前。開口講話前，通常都先有一段所謂的「牙牙學語」期來暖身，他們會把一大串的聲音串連在一起，然後玩得不亦樂乎。像是「B─b─b─b─b─b─b─b─b─b─b─b」，「D─d─d─d─d─d─d─d─d─d─d」，「M─m─m─m─m─m─m─m─m─m─m」。通常寶寶很快就會把這些音轉換成媽媽和爸爸。

碧翠斯的媽媽談起她除了爸爸和媽媽以外，剛學會講得非常清楚的幾個字就是「小鳥」和「乖女孩」。她大概是在滿一歲時學會講這些單字。「小鳥」對她們來說是相當重要的一個字，因為碧翠斯的第一個夏天常和爸媽待在花園的草地上，邊賞鳥邊對話。因此，她的媽媽每天都很高興也很期待她會講新的單字。但是事實卻相反，碧翠斯在接下來的幾個月又回到過去的「牙牙學語」階段。雖然她已經學會講話，但是在那個階段她好像覺得還不是繼續往前的時候。當她再度提到「小鳥」的時候，是對著她的奶奶說的，她的媽媽也站在身邊。碧翠斯現在已經十四個月大，她已經可以把「小鳥」和一大堆其他的新字，像是「母牛」和「午餐」一起說出口。她的心

貼心小叮嚀

幫助寶寶學說話，最重要的是多花一點時間仔細聽寶寶在說什麼，然後溫柔地鼓勵，幫助他們建立信心。

裡好像儲存一堆完整的單字提供她隨時使用。

　　一歲兒每次進步都需要付出代價。語言讓人充滿喜悅，能以美妙又充實的方式把自己和別人連結在一起。但是，這也代表寶寶必須從母子關係中更加獨立、更加分離。這對寶寶的情緒和認知來說都是很大的進步，因此，每個寶寶的步調都不一樣。對碧翠斯來說，語言似乎代表著她越來越習慣離開媽媽，和別人展開對話。她的認知似乎比情緒早一些做好開口說話的準備。

　　因此對某些寶寶來說，雖然他們已經開口說話了，但那只是短暫現象。在這個階段，父母和照顧者通常要多花一點時間仔細聽寶寶在說什麼，溫柔地鼓勵他們，然後幫助他們建立信心。有時候他們還會替寶寶說話的內容賦予特殊的意義，想要知道他們的想法，然後再教他們簡單的句子，把所有的想法整合在一起。

　　喬丹和阿姨之間的對話發生了這樣的故事。喬丹面帶微笑地坐在他的高腳椅，沒多久，他甚至咯咯大笑起來地指指點點。他的阿姨正在泡茶，問他在看什麼。「球」，他說，他努力地用嘴巴發出新字的音。「哇！你說『球』，」阿姨很高興地回答：「沒錯，那是你紅色的球。」他們一起安靜地看著這顆球一會兒。之後阿姨問說：「你喜歡你的球嗎？」喬丹對她微笑，然後又小小聲地說：「球。」「你喜歡你的球。」阿姨說。下午茶繼續進行，兩個人也對這顆球有不同的看法。喬丹似乎很喜歡這段對話，對自己也越來越有信心，開始對這顆球滔滔不絕地講起來。最後，喬丹似乎high到最高點，狂野地揮著他的雙手，大

叫：「球！球！球！」這時，他的阿姨問：「你想要拿紅色球的嗎？你真的很喜歡這顆球！我可以幫你把球拿給你嗎？」

　　這樣正面的鼓勵和注意通常只有在對老大才有可能，因為父母或照顧者比較有時間和他們單獨對話。這樣當然有助於喬丹增加他的信心。但相較於比較忙碌，或是有比較多小孩的時候，寶寶通常都會觀察多於開口。

　　露西的媽媽開玩笑地談到露西開始學講話時所說的單字，這些單字恰如其分地呈現出她一歲女兒的強烈性格。事實上，她記得當時露西好像是一口氣講了兩個字：「我」和「不要」。露西會堅定地說：「不要！」因為她不想坐高腳椅。同樣地，當別人要幫她穿上鞋子時，她也會說：「不要！」並且堅持「我」自己穿。語言的力量是無法被低估的。懂得對某件事情或某個人說「不要」是相當有力量的，它會改變寶寶的世界。

兒歌、圖畫書串連了寶寶的語言和想像的世界

　　對一歲兒來說，用歌曲和兒歌來使用語言的方式，相當有吸引力。尼荷大概就是在這個階段開始學講話。她的爸爸常會在晚上洗澡的時候教她唱「大象奈麗」（Nelly the elephant）這首歌。他們發展出來的一種互動模式：

　　爸爸：大象奈麗抬起她的…

　　尼荷：拍拍！（tunk，應是trunk音發不準而來，意指大象的鼻子）

爸爸：…向馬戲團道別。他吹著勝利的喇叭離開…

尼荷：拍拍！拍拍！拍拍！

貼心
小叮嚀

寶寶喜歡重複的事。

這個年紀，父母也可以和寶寶一起不斷重複看兒歌書，寶寶喜歡重複的事。這似乎是個開始學習駕馭語言的好方法——你知道接下來的字是什麼嗎？然後開始填空格。有押韻的文字（像是歌曲）富有音樂的特質，對寶寶特別有吸引力，有押韻的故事都很短，內容又簡單，而且充滿想像力。在書店和圖書館有很多畫得很好的兒歌圖書。有時候，平裝版比較適合他們的小手，使更多喜愛書本的寶寶可以開始自己看那些書裡面的圖畫。但是，一開始，父母還是得先花點時間拿本兒歌的書和寶寶坐下來一起看，唸書裡面的內容給寶寶聽，並解釋圖片所代表的意義給他們聽。

在這個階段還有一種很受歡迎的書，就是單字圖畫書。雖然擺在書櫃上看起來不見得很有吸引力，但是剛學會講話的寶寶似乎很喜歡這類的書，他們很喜歡這種簡單的模式，或許是因為可以很快駕馭內容的緣故。寶寶指著字，把它跟圖片聯想在一起，然後詳細描述這張圖片的這個過程為他們帶來無比的滿足感。很快地，一歲兒就可以「唸」書給父母聽了。這種成就感可以增強他們的信心，幫助寶寶認字、學習語言，讓他們越來越熟練。歌謠和兒歌的錄音帶和CD也是很有價值的材料，讓寶寶有紮實的語言基礎。

父母可以利用兒歌、
單字圖畫書和押韻的繪本
來教孩子說話。

寶寶漸漸會對故事書產生興趣，但一開始內容要簡單。此外，就跟其他任何事情一樣，要尊重自己的直覺，同時配合寶寶的吸收了解的速度。

傑克的媽媽就提到，因為傑克無法乖乖地坐在媽媽的腿上看完一本書，她感到很沮喪。每次媽媽要嘗試這麼做的時候，他就會用手把書合起來，拚命地掙扎想要下去。最後，媽媽決定不再強迫他，只好接受他就是對書沒興趣的事實。但是，當這個問題不再困擾他們以後，傑克奇蹟似地對書本開始產生興趣，不過他還是比較喜歡自己選的故事書。

當寶寶已經準備好可以開始看故事書時，他們會特別喜歡某種類型的書，但通常都不是家長所期待的，寶寶對這些書會百看不厭，好像裡面有某些情節會使他們不知不覺為之著迷。透過故事情節，他們可以探索自己的感覺，同時又可以在安全距離裡保留這些感覺（有時是難以抗拒的）。

瑞秋的媽媽說，瑞秋很喜歡聽故事，她最喜歡的就是約翰‧班尼漢（John Burningham）所寫的《酪梨寶寶》（Avacodo Baby，1994）。這本書描寫，有個食量不大的寶寶，有一天，媽媽因為寶寶長得不夠壯而感到難過時，突然她發現水果盤中有酪梨。她把酪梨搗成泥餵給寶寶吃。沒想到寶寶非常喜歡，從此就靠著吃酪梨，長得又大又壯——甚至還把高腳椅的安全帶撐破，

力氣大到甚至可以推得動汽車、能夠扛得起所有逛街買的東西、追著小偷跑，最後還拯救全家脫離災難。瑞秋在十八個月大時似乎覺得這本書很過癮且深具啟發性，因此看了一遍又一遍。

透過故事、歌曲和兒歌，父母和照顧者可以讓寶寶認識語言和描述事物文字的創意。他們可以多了解語言如何把整個有關自己或別人的故事串連起來。就像寶寶需要依賴你的語言和了解，來使他們的經驗具有意義時，有些故事書的情節也可以用類似的方式幫助他們把經驗串連起來。以後他們會漸漸知道原來自己也可以運用語言和想像力來編故事，同時也可以想像自己在別人的處境和模式中去處理自己的感受，然後編成故事。當他們自己成為作者時，會因為想像力的成長而進一步豐富故事的情節。

勇敢地踏出第一步

克麗斯汀誕生時，哥哥彼得才三歲。他似乎很自然就接受這個事實。當妹妹漸漸長大時，彼得也很喜歡妹妹帶著崇拜的眼神，看著他在房間裡走來走去。顯然妹妹覺得哥哥是最棒的。他們甚至可以在同一個房間玩起來。媽媽通常會在地板上墊一塊毯子，好讓妹妹躺在上面，旁邊還會放些適合寶寶玩的玩具。彼得也會在同個房間玩玩具，並且主導他和妹妹之間的遊戲。有一天，整個情況突然改變。媽媽形容彼得被看到的景象，嚇得發出

恐怖的叫聲，媽媽趕緊到房間去時，彼得說：「媽媽…妹妹在爬了……」

　　當寶寶開始會爬時，一切都改變了。同樣地，每個寶寶開始說話的時間都不一樣，開始走路的時間當然也就不一樣。通常寶寶會在快一歲左右開始學爬。

　　蘇珊在她滿一歲前幾個月開始學爬。幾天後有客人到家裡來，蘇珊爸爸很興奮地要她當場表演一番。他把蘇珊放在地板上，手張開要她往自己的方向爬過來。蘇珊轉過去看著爸爸，然後開始愉快地往另外一個方向爬，其中一隻腳比另一隻腳用力，但卻很有效率地使自己能夠到處移動。蘇珊抬起頭看著客人對她笑一笑。爸爸蹲下來和蘇珊同一高度並張開手臂叫她的名字。蘇珊突然變成坐姿，面對著爸爸，動也不動，還對他笑咪咪。

　　能夠掌握自己要去的地方這種感覺一定很好，因為世界因此變得更為寬廣。寶寶怎麼爬似乎沒有比寶寶終於會爬來得重要。另外一位爸爸充滿感情地提到他兒子最近參加趣味爬行比賽。雖然事實上比較像是臀部搖晃運動，但卻是相當快速而有效率。通常寶寶比較喜歡快速爬行，而不喜歡困難度較高，同時還得保持平衡的走路。有些寶寶會很驕傲地站起來看看周邊的情景，但就是不願意把腳踏到另外一隻腳前面。有些寶寶則堅持要有人讓他們拉著一根手

貼心小叮嚀

　　當寶寶踏出第一步，開始學走路時，也是他們最喜歡黏父母親的時候了。

指頭才肯走。或許這純粹是跟生理上需要保持平衡有關？或是當他們踏出第一步時需要有位對他們有特別意義的大人在身邊，才有足夠的安全感邁向分離、獨立的生活？

　　學習走路以及是否有足夠的信心踏出第一步，這個過程跟心理和生理層面息息相關。同時也是在情緒層面裡一個相當重要的進展，這對寶寶來說會是充滿矛盾衝突的。很顯然地，往前的方向只有一個，有些東西必然就會被拋在後頭。走路固然是件美好的事，但這代表著懷抱中的寶寶已經要獨立，並且學走路。寶寶開始學走路時，也可能會一再地回到你身邊要求擁抱、給予信心。事實上，當寶寶開始學會走路，有信心地踏出自己的步伐時，相反的，有時也是他們最抓緊父母的時候。

從探險中建立起自信

　　有時早上還充滿自信的寶寶，到了下午卻又緊抓著你的襯衫或長褲不放，這種轉變常會讓父母感到非常困惑和不解，但這是很自然的。無論一歲兒有時表現的多麼勇敢，他們還很小。寶寶只有透過不斷地練習先離開你，然後再回到你身邊取得足夠的信心，之後再離開你，這樣他們才會建立自信。他們會依賴父母或照顧者總是在身邊做強而有力的後盾，在生理和情緒上幫助

貼心小叮嚀

一歲寶寶是個好奇寶寶，在安全的前提下，多多鼓勵他們去冒險、去探索世界。

貼心
小叮嚀

　　除非萬不得已，否則盡量不要跟寶寶說：「不可以。」

貼心
小叮嚀

　　營造一個安全的居家環境，可以幫助寶寶從探險中建立起自信。

他們面對人生以及當時所碰到的事情。邁向獨立的行動是具有實驗性質，但如果在這個階段越成功，寶寶就會越有自信。

　　寶寶所需要的是，帶著你鼓勵的聲音去展開短暫之旅。這種在寶寶心裡所記得的鼓勵聲音，可以在情緒上支持寶寶，讓他們有勇氣展開屬於自己的小旅程（放開你的手去探索公園裡的花床，或是接近圖書館裡另一位小孩等等）。對寶寶保持敏銳的心，給予信心和支持，讓寶寶以自己的步調前進，似乎就是給他們最大的鼓勵。

　　厄爾的媽媽帶他和四歲的姊姊去和好朋友以及他們的小孩聚會。大部分的小孩都跟他姊姊的年紀相仿，但厄爾才十七個月大。那天天氣很好，其他年紀較大的小孩衝到花園去，媽媽們則一起坐在打開的法式雙扇玻璃門門口。難得的是，厄爾離開媽媽身邊加入幼童的行列。這是他第一次離開自己的地方加入幼童的團體。所有的大人看到這個景象都紛紛表示看法。但是，他的媽媽也注意到如果其他小孩在接下來的半個小時沒進房間時，厄爾就會每隔五分鐘逕自回到室內短暫地和媽媽接觸，冒險之前，再填滿自信心。

給寶寶一個安全的居家環境

如果是在自己家裡，一歲兒或許會更想去探險。當他們開始認真地到處探索時，一切就不會與從前一樣。這時，居家環境需要做一些防護措施，這是一項大工程。對彼得來說，真正需要保護，避免讓克麗斯汀拿到的東西就是自己的玩具。要照顧還在襁褓中的小寶寶，和照顧已經會來去自如的一歲兒是完全不一樣的情況。幸運的是，娛樂效果通常會沖淡一些緊張氣氛，隨著一歲兒漸漸長大，哥哥姊姊也比較能夠跟他們玩在一起。但是家中潛藏的安全問題可能比想像中多很多，如果父母擔心的話，就要趕緊在家裡做好全面的防護措施，這樣會比狼狽地跟在寶寶後面緊盯著他簡單的多（快速的爬或蹣跚而行）。另外一個選擇就是叮嚀小孩不要接近某個櫥櫃，或把玻璃花瓶從櫃子上拿下來。但是你可能會發現自己幾乎一直在說：「不可以。」這其實 是相當不好的。

瑪麗的媽媽總是想要給她一堆有趣的玩具，但是當她們在廚房時，無論瑪麗拿了多少喜歡的玩具，她都還是會爬到某個櫥櫃前把廚具通通搬出來，讓她媽媽既擔心又疲於奔命。她發現自己每天不斷地對瑪麗說：「不可以！」然後跑過去把東西搬開。瑪麗覺得很受不了也很挫折，她無法理解為什麼媽媽不准她碰任何東西。後來，瑪麗的媽媽跟朋友談過以後，決定要把櫃子裝滿適合瑪麗拿出來玩的東西，就算灑滿整個地上也沒關係。於是，媽媽每隔一陣子就在櫃子裡放新東西，換新花樣，後來她們都覺得

這個方式很好。

　　在這之前，我們已經提到寶寶知道說「不要」的影響力。也許當寶寶還小或是能力有限無法有自理能力時更是如此。但隨著一歲兒持續成長，父母經常有必要且善意地對小孩說「不可以」。雖然如此，小孩聽到「不可以」還是一定會感到很挫折，甚至有遭到被貶低的感覺。父母和照顧者也都了解這一點，因此除非必要，否則會盡量不這麼做。在家裡做些防護措施避免寶寶受傷，意味寶寶可以安全地在家裡探索，就像瑪麗經常做的事，這樣將有助於增強她的自信心，父母也比較不需要經常說「不可以」，大家就可以稍微放輕鬆些。

　　除非必要，否則不要經常對一歲寶寶說「不可以」，這是出自心理層面的考量。在家初次的探索比前面提到櫃子所發生的事有更深層的涵意。寶寶的世界會隨著到處探索而更加拓展。如果他有充沛的好奇心，寶寶將會盡量多了解家中的一切，以及可以觸摸的每樣東西。這樣的好奇心是往正面的方向成長和發展，父母不應該加以阻止。

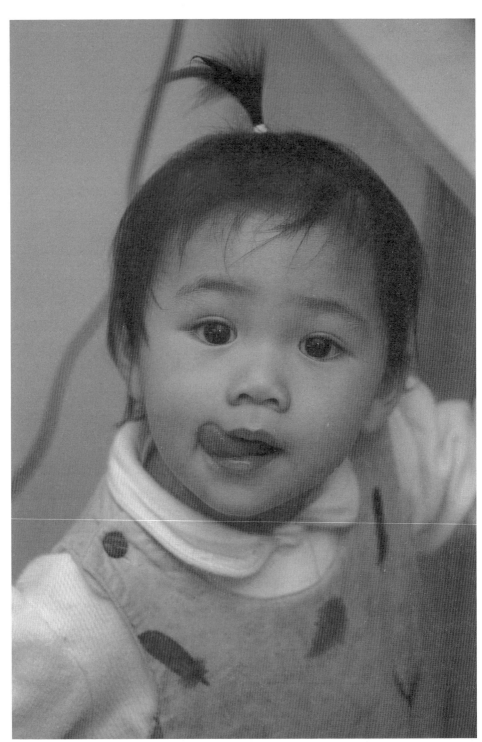

柯葉晨，柯曉東攝影

第二章

一歲寶寶探索什麼？

好奇心最旺盛的階段。

寶寶發展人際關係時，第一位遇到的重要對象就是母親，

通常也是寶寶幻想和好奇的首要目標。

但此時，寶寶已將幻想好奇從媽媽身上轉移到周遭的每件事上，

父母應該多多鼓勵孩子從遊戲中探索自己的各種感受，

不管是正面還是負面的情緒。因為面對情緒是需要練習的。

本章也談論到單親家庭和雙親家庭

所承受對孩子的照顧和教養問題的處境是不同的，負擔也不一樣。

遇到問題時，該如何求助？向誰求助？

吃飯皇帝大，但吃飯時間常常是親子衝突頻率最高的時候，

寶寶不吃飯、吃很少，該怎麼辦？

有沒有想過將吃飯權還給孩子怎麼樣？

會不會產生正面效果呢？要不要試試看！

發展好奇心

暫離媽媽，探索外面世界

寶寶發展人際關係時，第一位遇到的重要對象就是母親。當寶寶在媽媽體內成長時，母子關係就已經開始。在這個階段，媽媽提供胎兒所需要的一切。出生後，寶寶已經會慢慢地對任何事物產生好奇。很自然地，媽媽通常是寶寶幻想和好奇的首要目標。隨著寶寶對媽媽的好奇與日俱增，彼此也會越來越親密。有人可能會問：「媽媽體內到底有什麼東西？為什麼她的乳房會有母奶？她現在的感覺如何？她的大腦和內心在想什麼？她喜歡什麼？誰照顧媽媽？」等等。如果媽媽和寶寶可以坦然面對這些問題，不會特別擔心的話，那麼寶寶就會更有信心地繼續發揮他的好奇心。

對一歲兒來說，世界變得越來越大。無論是用走的或爬的，他們有更多的機會去獨立探索這個世界。因此，剛開始對媽媽的幻想，現在全部轉換到周遭的每件事。當父母和照顧者鼓勵寶寶發揮好奇心的同時，其實也在幫助他們發展情緒和心理的進程，使他們繼續成長，讓他們對廣闊的世界展現出濃厚的興趣，使寶寶學習開始過著獨立安全的生活，不

貼心
小叮嚀

寶寶發展人際關係時，第一位遇到的重要對象就是媽媽，所以媽媽通常是寶寶幻想和好奇的首要目標。

過這有可能是個相當複雜的過程。

　　有些媽媽覺得要面對這個過程非常困難，因為她們和寶寶剛出生時的親密關係逐漸轉淡。她們會把寶寶漸漸長大、獨立的過程，視為對她們的忽視，好像寶寶已經不在乎她們一樣。尤其是老么更會有這種情形出現，或許這是因為在媽媽的心中，他是「最後一個」小孩。寶寶或許也會察覺到媽媽心中的痛楚，因此偶爾會稍微收斂些，顯得比較謹慎，有的則停留在原本嬰兒時期的習慣。

　　不過也可能有另外一種情形。當寶寶越來越獨立，有些媽媽也會回歸原來的生活方式，使母子關係反而在這個階段更為濃厚。舉例來說，歐力許的媽媽就說，她自己並不是那種「習慣與寶寶在一起的人」。要她待在家裡，她會很心神不寧，情緒也會很低落。幸好，她在歐力許幾個月大時就盡快返回工作崗位，也很幸運適時找到可以照顧歐力許的人。一切從此就漸漸步上軌道。經過一段期間以後，歐力許已經是獨立的一歲寶寶了，媽媽整個人很不一樣，變得更有自信，也更喜歡跟歐力許在一起。其實，她最近有機會可以減少工作時數，希望能夠花更多時間跟歐力許在一起，帶他參加一些遊樂課程。

　　如果一歲兒受到鼓勵去探索更寬廣的世界，同時對父母的愛與關懷有安全感，那麼他就比較有自信去從事更多的探索。無可避免地，寶寶必然開始從家裡展開他的探索之旅。在前面我們已經提過如何為寶寶打造一個安全的居家環境，也提到安全並不是

唯一的重要考量。如果他們是因為成長過程所產生的「健康的」好奇心想要去探索，卻一直聽到「不可以」，這樣可能會對自己的好奇心所帶來的後果感到過度焦慮，最後因為被過度抑制而扼殺了自己的好奇心。因為寶寶對大環境所產生的這種好奇心會關係到之後的心智發展狀態，所以父母和照顧者有無窮盡的機會多鼓勵寶寶去發揮他們的好奇心。

在遊戲舞台上探索各種感受

　　遊戲對小孩來說是有幫助的，而且樂趣無窮。無論你的身分是父母、爺爺、奶奶、阿姨、叔叔、家人的朋友，或是保母都可以跟小孩玩得很開心。遊戲的舞台可以幫助寶寶發展好奇心和想像力，以戲劇性的方式體驗統合很多感覺。幼兒傾向在媽媽或照顧者的身邊玩耍。剛開始他們常會自己先玩一下子，但仍然需要有人每隔一段時間，就過來關照一下，讓他們安心。有時候，以溫和的方式鼓勵幼兒繼續去玩，會有所幫助，但是一歲兒能夠調整適合自己的步伐，使自己不會太累，或遊戲玩得太過火。對這方面比較敏感的大人，可以幫助小孩打造有利於發展他們想像力的遊戲環境。

　　亞倫媽媽的朋友在快他滿一歲時到家裡來玩，她帶了一組玩具給亞倫，是四隻顏色鮮豔的農

貼心
小叮嚀

　　遊戲的舞台可以幫助寶寶發展好奇心和想像力，並以戲劇性的方式體驗統合很多感覺。

場動物，只要按一下按鈕，動物就會戲劇性地跳起來。每個人都想要亞倫來玩這個新玩具，當動物跳起來時，大家就會發出驚喜和讚嘆聲，想引起亞倫的興趣。但是媽媽的朋友發現，亞倫注意到的是不同的東西，她細心地將玩具包裝盒子拿給亞倫。令她感到意外的是，亞倫明顯地比較喜歡包裝盒，他把盒子放在手上翻來翻去，並且仔細地端詳了一番，之後才發明出自己的玩法，他先用包裝紙塞滿盒子，然後再清空它。

　　我們常會聽到有關一歲寶寶生日派對的笑話，有個故事是這麼說的，寶寶比較喜歡包裝禮物的盒子而不是禮物本身。這個階段的寶寶似乎對各式各樣的包裝盒有很多想像，也常常發現身邊各式各樣的容器像磁鐵般地吸引他們的注意力。他們最喜歡裝滿容器，然後再把東西倒出來檢查一下，從錄放影機上面有避免小孩亂按按鈕的裝置就可以證明這一點，因為機器故障時，通常都是因為在機器裡面發現無數的小東西。

　　有天下午丹尼斯的媽媽想播放女兒最喜歡看的錄影帶，丹尼斯的媽媽本來以為這下可以不受打擾地好好喝杯茶，但令她們都感到訝異的是，錄影機居然不動了。丹尼斯的媽媽馬上請修理錄放影機的人來，他也很快就到了。工人一進門，就先看了丹尼斯一眼，然後直接走到機器旁邊，把機器倒過來甩

貼心小叮嚀

　　一歲寶寶最喜歡的玩具之一是容器，把東西拿進盒子裡，再把東西拿出來，來來回回，樂此不疲。

一甩，結果居然倒出一堆硬幣、小玩具、迷你螺絲起子，甚至還有暖氣排氣鑰匙。接著他向媽媽解釋如何使用避免小孩亂按按鈕的裝置，他說他已經很習慣這種事情，幾分鐘後他就離開了。

另一個很吸引一歲寶寶的「容器」就是——洗衣機。愛拉的媽媽一開始注意到她對洗衣機有興趣，是因為愛拉白天固定要去看很多次洗衣機，通常她會帶一堆東西去，然後空手而回。愛拉似乎特別喜歡把奶瓶放在洗衣機裡。一旦家人發現愛拉又開始她的洗衣機遊戲時，如果家裡剛好有東西不見了，尤其是當沒有人找得到汽車鑰匙，而愛拉媽媽卻又急著要去上班時，洗衣機就成了大家找東西的首要目標。

媽媽通常是寶寶的第一個幻想對象，他們會對媽媽的身心靈充滿想像，漸漸地，寶寶會轉移到一些有象徵意義的東西，通常是容器類。對寶寶來說，把東西放在可以裝東西的容器或空間裡，正是他們想在這個世界尋求安全感的方式。如果容器和內容物可以用來檢視和玩耍一番的話，那麼寶寶會覺得這個容器既堅固又安全。堅固耐用的容器可以保護牛奶瓶，它所象徵的是慈祥、餵奶的媽媽，容器同時也可以包容負面情緒，像是孩子看著媽媽放下自己去工作時所產生的負面感受。這種遊戲可以幫助轉換情緒，使他們對人生充滿希望，並鼓勵寶寶心中出現一位擁有堅強又能保護寶寶的人，他們了解並且包容小孩所有正面和負面的情緒。如果寶寶可以有這樣的概念，並且將它深植內心，未來當他在面對不可避免的試煉和苦難時將會是很有幫助的。

父母對寶寶遊戲的感覺有很大的不同，不只是每天或是每個星期，而是每一刻都在改變。和寶寶一起玩耍，專心跟著他要帶領你的方向，你會在遊戲過程中發現，呈現在眼前的一切，都對你了解寶寶的感受和心中的想法有很大的幫助。有時候，遊戲就像在羅馬競技場一樣，到處充滿碰撞，造成災難或破壞，大人可能會很害怕地在一旁看，也可能會有衝動，想出面制止，希望他們「玩得斯文一點」。實際上，富有想像力的遊戲是處理激烈、負面情緒及經驗的好機會，它們可以幫助小孩再回到比較正面的心態。

娜娜的爸爸在職場上承受相當大的壓力，他在小女兒十四個月開始學走路時照顧她。但當時她走路仍然搖搖晃晃。當她經過客廳想拿玩具和飲料給來家裡的朋友時，因為重心不穩跌倒了很多次，最後她把坐在輪子上的玩具狗拿給爸爸，希望爸爸會替她解開繩子上面所打的結。當爸爸在打開結時，他發現娜娜開始在玩姊姊稍早排好的樂高，娜娜挑了一個小的樂高玩偶，把它擺放在樂高組成的牆壁上，很明顯地，沒多久它就又掉下來。娜娜仔細檢查樂高玩偶的嬰兒車，摸摸輪子，還從床上拿出另一個樂高玩偶，想把它放到嬰兒車裡。後來她覺得樂高玩偶太大，只好再把它放回床上。她就這樣一直來來回回地玩這些樂高玩偶，然後小心翼翼地將它們再擺回床上。

娜娜似乎對每件事都想要關心，就像她的玩具和飲料都要放在安全的地方，讓她覺得很安全妥當。這可能跟她經常跌倒，因

此需要有安全感，需要有人扶持，使她在身體和情緒方面比較平衡有關。娜娜爸爸所承受的壓力也可以從娜娜不穩定的步伐看得出來，她覺得自己應該要處於更安全的狀態。儘管如此，娜娜還是認為爸爸就是那個可以為她打開繩結、解決問題的人，她知道爸爸會保護她。娜娜和積木玩偶的遊戲顯現出她正在處理、消化自己的感覺，遊戲的結果也是相當有建設性的。雖然在遊戲過程中曾跌倒幾次，就像第一個積木玩偶會從牆壁上滑下來一樣，但是最終所有的積木玩偶都會找到安全的棲身之所。

家家有本難唸的經

　　每個家庭的狀況都不同，有些家庭父母和小孩一起住；有些家庭則是單親家庭，他們在情緒和實際生活上會受到其他親戚的協助，因此有些單親家庭比較依賴朋友或是當地的社區服務。無論家庭組成份子為何，每個家庭都有屬於自己的文化、歷史以及對小孩教養的想法。

　　所有的家庭都會在不同階段經歷所謂的緊張關係，這就是人生。壓力來源可能是情緒上或經濟上的，例如：父母的婚姻或許會遇到困難、雙親中的某一位也

> **貼心小叮嚀**
>
> 大人若能理解孩子的感受，就可以幫助他們面對自己的情緒。

貼心小叮嚀

以開放和敏銳的態度體會小孩的感受，並不代表要跟小孩深入解釋問題的每個細節，尤其是當問題是跟大人議題有關的事時。

許已經離家、家中或許有令人心碎的事、家人可能罹患慢性疾病、面臨失業問題、父母過分投入工作，長期不在家、雙親有人再婚，甚至有新成員誕生，這些都會帶來改變和複雜的心情。無論是什麼樣的問題，就算小孩還小，無法用語言表達心中的感受，但他們還是會無可避免地感覺到家中的變化。通常這對想要保護孩子的家長來說是件相當難過的事。但是，其實，如果知道家裡所遇到的問題會影響所有的家庭成員，便能使自己更加體會小孩的感受，這也是幫助他們克服情緒的障礙，面對痛苦或困惑的第一步。

大人若能理解小孩的感受，就可以幫助他們面對自己的情緒，給予他們支持。對於還不會說話的小孩來說，這種作法對於幫助他們面對家庭危機是相當重要的。畢竟，他們尚未成熟到自己可以消化情緒上的問題，對於壓力的承受程度相當低，所以會轉移到其他地方來表現，如行為、飲食、睡眠、尿床或身體症狀等等。已經會講一些話的小孩或許會想要談談這個問題。以開放和敏銳的態度體會小孩的感受，並不代表要跟小孩深入解釋問題的每個細節，尤其是當問題是跟大人議題有關的事時。讓小孩知道每筆收入支出的細節，並不能幫助了解家庭經濟困難的問題。同樣地，婚姻問題、雙親或兄弟姊妹中有人生病時，讓小孩知道

太多細節對他們並沒有幫助。不過簡單誠實地告知實際情況可以讓他們更輕鬆。至少大人們表現出知道他們關心也擔心發生在家裡的事情，對孩子是有幫助的。再來，讓小孩們知道，如果他們願意的話，與大人討論、甚至問問題的管道是暢通的。在這些時候，有些家庭可能會尋找其他有幫助的看法。通常他們會聯絡家庭醫生，讓家人能夠參加專門為五歲以下幼兒所開的社區諮詢，或是為父母提供的支持資源。

┃單親家庭的難處

大衛的媽媽在大衛十八個月時和家庭醫生聯絡，因為大衛在睡前和睡覺時的種種行為實在令人難以忍受。醫生介紹專門為五歲以下幼兒所開的社區諮詢課程，每週上課一次共六週。在這幾個星期中，問題漸漸顯露：六個月前爸爸離開家了，在那之後，大衛習慣和媽媽一起睡覺。剛開始爸爸會定期在週末探望他，而且他們的關係很好。在家裡，大衛的媽媽則努力想讓大衛在自己的床睡覺；但大衛只有在媽媽陪在身旁假裝睡著時才肯這麼做，整個過程可能需要花兩個小時。當大衛半夜醒來時，他會跑到媽媽的床上和她一起睡。這時，媽媽已經很累，也無法再

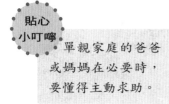

貼心
小叮嚀
單親家庭的爸爸或媽媽在必要時，要懂得主動求助。

把他抱回他自己的房間去。這樣的情形讓他們兩個都疲於奔命，媽媽也說，她常會感到沮喪又無能為力。但當大衛的媽媽提到這個情形時，情況似乎開始好轉，特別是大衛願意談有關爸爸的事，他仍然記得爸爸離開家那天晚上的情景。媽媽也相當訝異，因為那是她第一次聽到大衛提到這件事。會談中還有另一個問題浮現，那就是大衛是那麼擔心媽媽有一天也會離家出走，畢竟如果爸爸會離家出走的話，那麼媽媽為什麼不可能呢？因此大衛必須盯緊媽媽，尤其是三更半夜的時候。但是，這樣就會讓睡覺變成相當困難的一件事，也會使他必須在半夜醒來，要隨時注意媽媽是否還在家。但是當大衛把這件事講出來以後，他對媽媽就比較有信心，而深夜時光對這個家來說也變得平靜多了。

　　除了照顧小孩每天的生活起居以外，單親家庭還要面對的問題就是，如果小孩只跟父親或母親一方一起生活，是否會對他們的未來產生影響，這是值得觀察注意的。如果父母的婚姻關係已經結束，對所有相關的人來說都是椎心之痛。不過，一段時間以後，儘管彼此已經沒有婚姻關係，也沒有住在一起，但是父母或許可以一起思考如何合作照顧小孩。如果可以這樣的話，對小孩來說一定是比較好的。因為可以親眼看到父母為了他們的最大利益而努力，小孩會因此比較有安全感，因為這樣的生活方式可以給予他們支持和情感上的安慰。

　　當摯愛的另一半過世時，單親的父親或母親就要負起養育小孩的責任，同時卻又得承受思念與哀慟的沈重壓力。尤其小孩還

很小時，就更令人心碎。旁系親屬和友人可以給予單親家庭很多
支持，協助單親爸爸或媽媽扶養小孩長大。如果單親爸爸或媽媽
可以保持美好回憶的話，小孩也會感受得到，那麼，在他們心中
父母的形象永遠是一體的。

雙親家庭的優勢

　　善解人意、有創意又同心協力的夫妻對小孩來說相當重要。
父母在一起有其象徵意義，這代表他們有能力生小孩，有力量一
起面對困境，同時能夠以創意的思考模式來扶養小孩。就算父母
沒有在一起，或就算住在一起，但卻沒辦法一起以有創意和充實
的方式教養小孩，夫妻兩者所代表的團隊意義，還是對小孩心智
的成長有相當的幫助。奶奶、舅舅、阿姨或朋友都可以扮演部分
父母的角色，小孩對父母角色的認知也會因此而加強。有時候，
醫生、老師或保母都會被小孩視為協助父母的角色，使得同心夫
妻的觀念更加根深蒂固。假如單親家長對同心協力的父母有自己
的看法，也許那是來自他們童年的記憶或之後的生活體驗，這些
也都會轉移給小孩。任何正面的經驗都是可以傳承，同時是有幫
助的。

　　那麼為什麼感情和睦的父母對小孩來說很重要？因為這樣可
以鼓勵他們有些正向的連結，同時發揮創造的潛力。如果他們從

感情和睦的父母認識所謂好的連結，心中有了這個模式以後，就可以做正面的連結，鼓勵他們在生活中多與人接觸，也鼓勵他們創意思考，在心中有自己的連結，把不同的想法整合成自己的看法。其實，培養小孩做正向連結本身就是個很有創意的過程。

其他因素可能會影響小孩對父母團隊是一體的概念。所有家庭都會遇到這個問題，尤其是小孩在這方面的觀念遇到挫折時。

珍妮佛的父母正在裝潢新家，工程雖然只進行到一半，但大家都很期待能夠同心協力完成這項工作。珍妮佛的爸爸因為媽媽在樓上忙著把壁紙留下來的印子去掉，所以暫時先負責照顧她。爸爸正在煮茶，珍妮佛則要求吃第三罐優格，她還刻意挑釁地將湯匙掛在衣服外，想看看爸爸能夠忍受多久才制止她。珍妮佛一口口吃東西的同時，也要爸爸告訴她廚房周遭東西的名稱，她對著爸爸笑咯咯，同時很專心地聽他講。過一會兒，爸爸告訴珍妮佛他要上樓去，看看媽媽是否把壁紙的事情弄好了。

當爸爸離開房間以後，珍妮佛開始玩她的玩具農場。她選了一個嬰兒放在嬰兒車上，然後說：「嬰兒車裡可憐的小嬰兒，可憐的小嬰兒」，然後把嬰兒車放在綠色農場的板子上。接著她拿了一部小卡車，在車子啟動前她轉動車輪，她轉個大圈圈讓車子從板子上離開。「車子來了。」她邊

貼心小叮嚀

父母同心協力照養小孩，對孩子來說，是一種正向的生活經驗，會創造出正面的能量。

說邊推，然後就把車子停在地毯上。她在推嬰兒車時，也做同樣的事，說同樣的話，然後把它斜靠一邊，然後再去拿小卡車。她開始在手上把它倒過來，再把手指頭放進去。她把一隻手指頭放得太進去，於是開始緊張起來。她說：「卡住了！」爸爸回來時看到了，趕緊幫她把手指頭拉出來，同時和顏悅色地警告她千萬不可以再這麼做。

珍妮佛現在似乎可以體會「嬰兒車裡可憐嬰兒」的感受，因為爸爸現在和媽媽在一起。或許她把自己的心願（我希望媽媽只陪我一個人）投射到父母身上，但當爸爸和媽媽在一起時，代表著她在他們之間沒有絲毫存在的空間。在這種情況下，她會覺得自己是被排除在外的寶寶。小卡車來了代表著父母在一起，之後又接著「嬰兒車裡的小嬰兒」。珍妮佛展現出她想要介入的心態，因此會把手指頭伸進小卡車裡面。當她開始擔心且需要別人幫忙時，爸爸適時出現救了她，同時也為她劃下了界線。

父母在一起可能會讓小孩感覺到自己渺小、無助並且受到排擠。尤其是當小孩還很小時，他們很想要一直黏著媽媽，排除所有其他人，因此小孩心中很難有所謂父母一體的概念。但是如果父親是個情緒夠穩定的人，他就比較能夠承擔孩子所投射出來的想法，並且以友善的態度面對小孩，同時使媽媽不會讓小孩需索無度，這樣情況就會好一點。

之後，一歲小女孩或許會開始黏爸爸，想要成為爸爸的幫手。她也會因為一方面想要排擠媽媽，另一方面卻又想要愛媽

媽，需要媽媽，因此心中可能會很掙扎。同樣地，一歲小男孩或許不只會崇拜或認同爸爸而已，他還可能會想要除掉他，霸佔爸爸在媽媽心中的地位。這種戀母情結是小孩必經的過程之一。父母會在小孩遊戲的過程，或在不同的情況下都可以察覺到這個心態。但如果是在單親家庭，因為沒有這種矛盾，因此了解你的小孩的議題，是鼓勵他心中能夠有「一對好爸媽」的觀念是很有意義的。當然，當她們覺得實際情況和自己的想像抵觸時，如果夫妻能夠同心協力來處理這件事的話，可以給小孩帶來安全感，但是這並不代表問題就會消失。年紀小的小孩仍會繼續掙扎，不過在他們還小的時候，這個問題是不需要急著去解決的。

　　有時候父母會覺得小孩的伊底帕斯情結很難處理，甚至讓家庭氣氛變得很緊張。每個人都曾經是小嬰兒，因此，自己心中懸而未解的伊底帕斯情結與索求無度的孩子之間的對抗是很普遍存在的。但對某些家長來說，這種感覺令人很難受。面對這種情況，家長有時候可能需要檢討一番，或是藉由別人的協助來維持家庭的完整。就算父母親同心一起面對小孩的伊底帕斯情結，還是得費很多心思。單親家庭可以從外來的有力人士處獲得協助，幫助他們為小孩劃下界線，或是依賴自己的資源，夫妻齊心地一起面對這個挑戰。有些情況可能需要單親爸爸或媽媽扮演既是爸爸又是媽媽的角色，同時給予愛心、關心和體諒，但又得設定界線和極限來掌控小孩的情緒和實際行為。養育小孩無論從那個角度來看都是件相當辛苦的事。

▌吃飯時間到囉！

　　家庭用餐時間通常可以被視為家庭生活的縮影。因為這是所有成員可以聚在一起的時間，大家各有所需，就算在最簡單的情況下，用餐仍然是大家感情交流的時刻，當然，用餐也會帶來壓力，有時候很愉快，有時候則充滿很多情緒。

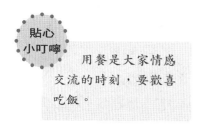

貼心 小叮嚀

用餐是大家情感交流的時刻，要歡喜吃飯。

　　當一歲寶寶開始吃固體食物之前就可以讓他開始和家人一起用餐。到寶寶一歲時，他已經可以和大家一起吃幾乎相同的食物，但對他們來說，很多口味和食材可能還很新奇。幼兒似乎很喜歡把食物灑了一地。如果家長希望用餐時，寶寶不會弄得全身都是食物，能夠保持家裡整潔，最好的方法就是自己餵寶寶吃飯。但是如果寶寶能夠獨立品嚐食物，把東西塞到嘴巴裡，這樣可以幫助寶寶在未來以自己的方式習慣新的口味和口感，但在這個階段也意味著有點髒亂，不過也代表以後寶寶比較願意嘗試新的食物。如果容忍度很高的話，家庭的用餐時間對一歲寶寶來說會變得相當有趣，並且豐富他們的經驗。

　　如果寶寶胃口很好，家庭用餐時間對他來說就不成問題，但如果你擔心寶寶胃口不好的話，這個時段就會很有壓力。

不吃飯，該怎麼辦？

潔德的媽媽每到吃飯時間就非常憂慮，因為潔德一直偏瘦，自從斷奶以後，讓她開始吃固體食物以來，她對吃飯一直沒有太大興趣。媽媽很在意她的體重，覺得每餐對她來說都相當重要。如果吃飯過程不順的話就會演變成戰爭，最後弄得淚眼婆娑收場。潔德的媽媽對這個情況相當無奈，她覺得應該從潔德的整體性格來思考。潔德認為自己還是小嬰兒，她不喜歡有壓力。如果有陌生人的臉突然湊近她，或是讓她突然面對不熟悉的情況時，她就會放聲大哭。太多人、太吵雜或太激動的場所都會讓她感到害怕，她比較喜歡固定的作息，這樣她比較可以掌控情況，知道接下來會發生什麼事。從這個出發點來看吃飯這件事，潔德的母親開始用不同的方式。她先準備一些小點心，然後一丁點一丁點地拿給潔德，讓她不會覺得有壓力。這個新方式讓潔德對吃似乎稍微感興趣一點，她會想要多吃一些，但是媽媽還是只給她很少的份量，可能是幾顆豌豆、兩根義大利麵等等。在用餐時間，當食物一次擺上桌時，潔德就開始吃得比以前多很多。

潔德的媽媽雖然很憂慮，但她仍可以掌握潔德的情緒。她的細心（把潔德的情緒反應跟在餵食時考量潔德的個性連結在一起）和採取新方式的創意，使兩人原本僵持不下的情況有了轉變，但並不是每次都這麼容易。

餵食對媽媽和寶寶來說是一

> **貼心小叮嚀**
>
> 餵寶寶吃飯是一種智慧和創意的展現。

件充滿感情的事。寶寶在子宮裡時，完全依靠媽媽提供營養，也就是說寶寶必須全部依賴媽媽和媽媽所提供的禮物。這不只和寶寶的健康成長有關，還攸關生存問題。出生以後，媽媽會繼續用同樣的心態餵食寶寶，不是餵母奶就是使用奶瓶。寶寶斷奶後開始吃固體食物時，寶寶就會慢慢獨立，但在情緒上還是很依賴媽媽的。

　　依賴感是一件很弔詭的事情，要依賴別人是相當困難的。但是人從一出生就會依賴父母生存。在子宮時還會完全依賴母親。當我們還小時，得要繼續依賴身邊的大人照顧我們。一大堆人不斷地滿足我們成長過程的需求。沒錯，我們都知道光是這些名單就可以讓我們無止境地獻上感謝，但我們有時反而常只會生氣和困惑（這些感覺也可能像感恩一樣地源源不絕而來）。

　　毫無疑問地，一歲兒進步地很快，他們開始在地上爬行、開始走路，甚至開始講話，這一切都跟新生兒只會哭的情形不同。不過一歲兒仍非常需要依賴父母照顧一切。當然還有換尿布的事情，不過這跟一歲兒對父母在情緒上的依賴程度比起來還算是很微不足道的。了解寶寶在依賴這件事上的複雜情緒，以及父母參與這件事所產生的困惑，成為父母在情緒上包容寶寶的重要功課。有時候給一歲兒機會來主導環境可以促進食慾。事實上，和食物相關的議題和情緒上的依賴是息息相關的，因為這是少數一歲兒可以作主和做選擇的地方，不需要完全依賴照顧者的選擇。有選擇就有能力。

把吃飯權還給孩子

班很喜歡到奶奶家去，因為他是焦點所在，奶奶總是讓他吃喜歡吃的東西。當班的媽媽稍微睡晚一點，班和奶奶的早餐時間就是相當特別的時段。他們都很喜歡這一個時段，奶奶很驕傲地稱班為「早餐先生」，早餐也成了班一天之中最豐盛的一餐。到奶奶家後他們已經建立起一套吃早餐模式，內容有穀片、土司、水果和其他東西。奶奶總是會問班想吃哪種穀片，她心裡也許希望最好是跟上次想吃的一樣，但每一次班的選擇都會不同。奶奶會堅持要求班先把上次打開的穀片吃完嗎？光是看看食物儲存室裡一大排不同的穀片盒就知道了，而且班每次和奶奶吃完早餐以後心情都相當愉悅。

如果一歲兒可以在這些小事情做決定，就算他們現在在很多方面仍然需要依賴父母，但他們會覺得自己受到肯定。這個情況跟父母覺得在飲食議題方面受到小孩主導，或是為了要替不同的小孩準備不同的餐點，是完全不同的觀點。很顯然，父母必須取得平衡點，這樣才可以一方面讓小孩學習做決定，一方面父母仍可以掌控局面。班之所以被稱為「早餐先生」，意味著他可以自己決定早餐要吃什麼；就算一歲寶寶仍依賴父母，實際上也是因為還是有很多事他們自己不能做決定，但至少這讓班的一天有個美好的開始，這種正面的經驗可以讓他對於扮演安定人心的角色（無論是個人或夫妻）有比較明確的印象。這個觀念將可以幫助一歲寶寶度過往後的人生關卡。

楊承翰，謝雯姍提供

楊承翰，謝雯姍提供

楊承翰，謝雯姍提供

第三章

一歲寶寶在想什麼?

「我是誰?」是一歲寶寶這一年的功課。

他們開始有自我意識、有主見。不再是爸媽說什麼是什麼,

親子之間的意見開始不一致,

玩具、飲食及穿著等等都有得吵。

爸媽此時該學習的是如何放手和幫孩子踩煞車。

手足排行對孩子的個性有沒有影響?

獨生子女和有兄弟姊妹的幼兒,各該學習什麼?

如何和一歲寶寶一起迎接新生兒?

如何消弭他們的擔憂、不安和嫉妒?

又如何面對壞脾氣的小人兒呢?

請到本章中去尋求答案吧!

想知道「我是誰？」

隨著一歲寶寶慢慢長大，他們獨特的人格特質也越來越鮮明。由於一歲寶寶的活動力越來越大，再加上表達能力越來越好，因此，他們在家中的身影也明顯增加。每次表達自己主見時，就是象徵他們想更進一步發展自我定位，同時認識自己是什麼樣的人。在這個階段，有時候他們也會使用實驗法，想要嘗試不同特質讓自己感覺看看。這樣探索的旅程相當重要，寶寶需要找到屬於自己的方式來做自己。寶寶和成人一樣，會有不同的做事方式。

有些媽媽會聊到她們的一歲寶寶，以及早上她們是如何起床的情形。有位媽媽聊到她女兒早上在嬰兒床醒來時，至少會先玩半小時的玩具之後，父母才需要過去安撫她。她的父母透過寶寶監聽器可以聽到她的笑聲以及和玩具講話的聲音。另外兩個媽媽對這樣的情形則是半信半疑，她們說自己的小孩早上一起床一定會先哭得很悽慘，希望別人把他們抱離嬰兒床。最後一位媽媽說她的小孩都沒有上述的情況，她的女兒會在睡醒後，用盡吃奶的力氣大叫，直到有人過去看她。她的叫聲震耳欲聾，大家都忍受不了，很快就得過去安撫她。

有些寶寶在這個階段很喜歡在家裡出風頭，有些則比較不喜歡，

貼心小叮嚀 欣賞寶寶本來的樣子，讓他們能夠自在地「做自己」。

甚至還需要特別鼓勵才肯表達自己的立場。無論哪種情形，重要的是由寶寶採取主動，而不是刻意強迫寶寶適應某種模式。

貼心
小叮嚀

寶寶不是任何人的替代品，他們是獨一無二的。

　　以下這種情況可能會在不知不覺中發生。有時候寶寶可能長的跟某個親戚很像，由於太過相像，常會讓人忘了眼前這個人。也有可能是某個家人過世，有時候一歲寶寶

貼心
小叮嚀

當孩子表現不如預期時，請不要表現得太過失望或難過。

會在某方面「取代」他在家中的地位。當寶寶逐漸表現出自己的人格特質時，一般人可能很難察覺到他和相像親人之間的差別。當年幼的小孩出現和預期模式不同的行為時，家人可能會有點驚訝，而使家人有點難過和失望。這時，寶寶可能會壓抑自己或無法表現真正的自我，因為他們會覺得自己的人生並不是真正屬於自己的。

　　同樣的情況也會發生在父母過度期望小孩達成自己未達成的願望。桑多‧馬芮（Sándor　Márai）就在他的小說《餘燼》（Ember，1942）中反映出這一點。一位在陸軍服役的年輕音樂家提到他的人生，他從小就不曾被當作一個獨立的個體看待，雖然他的父母為他的教育和生活犧牲相當多。他相信自己是父母的「傑作」，但同時也迷失了自己，無法過真正屬於自己的生活，也無法將音樂注入生命。

　　真正了解自己的寶寶，才可以幫助他們認識自己，而不會永遠活在別人的陰影下或只為某人達成心願。只有做自己，他們才可以盡情地發揮各種潛力。要這麼做，就必須從家庭做起。寶寶在家中所扮演的角色在某種程度上會跟他在家中的排行有關。一歲寶寶是老大，是獨生子女或還有哥哥姊姊，那麼他所扮演的角色都會不一樣。

▎手足排行各有各的優點

　　如果你的一歲寶寶是老大，那麼他可能會比其他有哥哥、姊姊的寶寶獲得更多母親的關愛。這樣有很多好處：父母把全部的注意力都放在他身上，這是很特別的一件事。大家很快就會注意到，也會很高興看到寶寶在生理上的成長。當寶寶開始牙牙學語時，大家都會洗耳恭聽，家中老大所有的第一次都是家裡的第一次，因此任何經驗都很寶貝。從情緒層面來看，排行老大還有其他優點。當弟妹來報到時，你的一歲寶寶可能得學著去包容自己的嫉妒，但這種情緒總會過去。這些兒時的經驗將有助於他們以後處理人際關係中類似的感覺。

　　如果一歲寶寶是家中的獨生子女，那麼他會享受到排行老大的一些

> **貼心小叮嚀**
>
> 排行老大最受寵愛，學習的功課是包容。

好處，同時可以很自在也很習慣和大人相處，也因此可以聽到大人間很多有趣的對話。有獨生子女的爸媽總是煞費苦心為小孩和他的朋友

固定安排親子同遊的遊戲日，使他們可以跟同年齡的小孩混在一起，這對小孩是有幫助的，而且也會很有趣。

　　如果一歲寶寶已經有哥哥或姊姊，那麼就得面對不同的問題。在大家庭中成長也有好處。目睹家庭生活所經歷的一切，這些經驗提供了無止盡的趣味和啟發。一歲寶寶或許會遭到哥哥姊姊的嫉妒，但如果運氣好的話，他們也可能變成很好的玩伴，可以一起玩一個很有名的遊戲叫做「學習有禮貌」。如果你的小孩從小就已經很習慣過團體生活的話，那麼學習分享和過團體生活就比較不成問題。

新弟弟或新妹妹會不會
搶走媽咪？

　　一歲寶寶不用等到新生兒出生就已經感受到自己的地位受到威脅。

　　茱麗已經快滿兩歲了，她的睡眠品質一向還不錯，但從上個月開始，她一個晚上要起來找媽媽好幾次，每次被帶回自己的房

間，她就會大哭大鬧。在白天，也比平常還要黏媽媽。她的媽媽已經懷孕七個月，因此茱麗在半夜醒來對媽媽來說是相當大的負擔。有天早上，茱麗的媽媽想跟她溝通這件事，告訴她要在自己的房間睡覺，不能老是黏著媽媽。當茱麗聽到這些話時，脫口而出地說：「那為什麼寶寶總是跟著媽媽？」

媽媽聽到茱麗精準的說詞，嚇了一跳。突然間，她了解女兒的感受。茱麗不只睡前要和媽媽道晚安，白天也要忍受和媽媽多次的分離（到家裡不同的房間、媽媽跑去接電話等等）。但無論如何，尚未出生的寶寶總是待在媽媽的肚子裡，白天和黑夜總是在媽媽的子宮裡。如果從這個角度來看的話，這的確令人感到相當心痛又不公平。茱麗的媽媽現在已經比較能夠跟她在這件事上面溝通，讓她說出自己的感受，並且幫助她面對這個痛苦的經驗。這樣，茱麗的情緒才能受到安撫和發洩。這和媽媽安撫尚未出生寶寶的情緒是不同的，但至少就媽媽的了解，這麼做可以讓茱麗有安全感。

隨著媽媽的肚子越來越大，茱麗和媽媽仍然繼續保持這類的對話，這樣媽媽才可以知道茱麗對尚未出生寶寶的很多衝突情緒。茱麗用語言表達心中的感受和敵意可以幫助她控制情緒，也讓媽媽給了茱麗安全感。在生產前幾個星期，茱麗媽媽和她討論寶寶出生後應該睡在哪裡。茱麗早就看過摩西的小搖籃，但更難以解決的問題是摩西小搖籃要放在哪裡。茱麗建議花園是個好地方。媽媽花了好大的精力才說服茱麗不可以這麼做，但這又是個

讓媽媽知道茱麗心中憂慮的好機會，茱麗擔心寶寶出生以後會佔據家中所有的空間，到時候媽媽會忙不過來。

　　新生寶寶出生前，媽媽和茱麗之間的這種對話，對一歲寶寶有很大的幫助。更重要的是，一歲寶寶可以事先知道新生寶寶出生後的相關安排（誰要照顧一歲寶寶，一歲寶寶要多久以後才可以見到媽媽和新生寶寶等等）。或許事先安排可以幫助媽媽在生產後，有足夠的精力照顧一歲寶寶，同時又可以兼顧嬰兒床裡的新生兒。

　　懷孕的媽媽除了得面對身心的沈重負擔，還要照顧學步兒是相當累人的。有位挺著大肚子的媽媽就淚眼汪汪地告訴友人，要照顧一歲寶寶實在很困難，但如果現在她都無法應付的話，到時候要怎麼同時照顧兩個小孩？另一位媽媽回想她當年的經驗，她說挺著大肚子照顧學步兒，甚至比照顧兩個或三個已經出生的小孩還要辛苦。新生兒為家裡帶來莫大的喜悅，一歲寶寶心中雖然五味雜陳，但當她看到新生兒健康正常，心中還是會鬆一口氣。

> **貼心小叮嚀**
> 　　媽媽懷孕時就應該和一歲兒展開對話，聊聊新貝比，聽聽他的想法，甚至採用他的建議，當然是要可行的。

如果媽媽餵母奶的話會花很多的時間和精力。母奶的製造過程對身體是相當大的負擔。如果發現自己身體負擔過重，就更應該找機會盡量休息，同時接受各式各樣的協助。

　　在一歲寶寶面前餵母奶是相

當敏感的事。有些小孩看到媽媽餵寶寶母奶的親密畫面會覺得很難接受。雖然一歲寶寶在不久之前也還在喝母奶，但是看到媽媽餵寶寶母奶會讓他們感到很難過，好像提醒他們，自己已經不是小寶寶了。在這種情況下，本來他們一心想趕快長大，突然間，他們又會很想回到小時候。媽媽會覺得自己擺盪在兩個極端裡，一方面要餵母奶，另外一方面卻又要安慰沮喪和想要引起父母注意的學步兒。另外，新生兒喝母奶時需要不受打擾，這樣才可以安靜地和媽媽相處。

這時爸爸就可以發揮很大的作用，給餵母奶的媽媽和一歲寶寶生理和情緒上的協助和支持。無論是爸爸或媽媽都難免會覺得筋疲力盡或是相當脆弱。對一歲寶寶來說，和爸爸有特別的相處時間可以緩解因為看到媽媽在新生兒身上投注的精神和注意力所帶來的衝擊。但對單親媽媽來說，這段期間可以說是最艱困的，因為她們既要餵奶又要面對一歲寶寶情緒上的不穩定。尋求家人或是友人的幫忙，至少可以使媽媽不受打擾地餵母奶，這是個相當不錯的辦法。如果沒辦法的話，可以先用飲料、餅乾或一些活動安撫年紀比較大的小孩，讓他們獨處一下，幫助他們控制情緒，覺得自己受到照顧，感受到媽媽也很在意他們。有時候這些方法都不管用時，先別沮喪！畢竟沒有人是超人，下次也許就會有用了。

寶寶有主見了

　　我們在前面已經提到一歲寶寶開始有自己的主張，這對他們來說是相當重要的。有自己的意見和偏好都是個人特質。父母或許原則上想要鼓勵小孩有自己的主見，但也知道這樣的方式是一條充滿挫折之路。當小孩開始有主見時，父母必須知道有時候他們的喜好和自己並不一樣。

　　潔西卡很喜歡洋娃娃，也收到很多洋娃娃的禮物。不過沒多久就可以看出來在這麼多洋娃娃裡，她最喜歡的是「假期海蒂」（Holiday Heidi）。潔西卡覺得海蒂很漂亮，但是媽媽卻不這麼認為。媽媽希望她喜歡更有品味的洋娃娃，但事與願違。海蒂是一個超豔麗的洋娃娃，跟著潔西卡全家到每個社交場合，潔西卡的媽媽後來終於知道，小孩一定會有自己的意見，他們並不是洋娃娃。

　　玩具只是一歲寶寶可能會跟你有不同意見的部分。飲食則是另一個部分。我們之前已經提到，雖然小孩依賴父母餵食，但他們仍會有所選擇。就跟大人一樣，小孩也會對食物有偏好。有些食物對他們來說，就是比其他來得好吃。只要在飲食均衡的範圍內，這些喜好都可以受到尊重。讓年幼的小孩知道，尊重並不代表零食和布丁就可以取代健康的

貼心小叮嚀　知道尊重寶寶的意見，但也需知道什麼時候說：「不可以！」

正餐，但這也不代表他們不會吵著要想吃的東西。年幼的小孩不需要到生病時才知道吃太多零食是不健康的事。有時候對小孩說「不可以」是很重要的。尊重小孩的意見和視他們為完整的個體，意味著知道他們的經驗有限，同時準備好在理性與非理性之間劃下界線，好做出對他們最有利的決定。

有些一歲寶寶對穿著已經很有定見。這又是另一在合理範圍內，寶寶可以滿意合法地做出選擇，表達自己的看法。

阿尼許非常清楚自己要如何打扮。媽媽知道他有一套特別的穿衣哲學，那就像是穿上盔甲保護他不受到攻擊。媽媽也盡量讓他自己做決定，因為她知道阿尼許對這方面相當注重。阿尼許喜歡穿一些讓自己看起來既強壯又能幹的衣服。例如：一件巴布小建築師的毛衣T恤就是他的最愛。此外，他也很喜歡穿另一件黑色的銳跑運動上衣。

阿尼許總是知道自己要穿什麼，他通常都是穿衣櫃抽屜最底下的衣服。也就是說，每次他要穿衣服就得先把其他衣服搬出來。媽媽每次都很挫折，但既然讓小孩自己作主很重要，她也就只好忍下來。但當阿尼許開始到自己房間找衣服時，他總是會把已經燙好和折好的衣服撒得滿地。這讓他和媽媽之間的關係變得有點緊張，他們必須要妥協。媽媽跟他解釋問題的癥結，阿尼許想自己挑衣服穿，但媽媽又不

> **貼心小叮嚀**
> 對於寶寶合理的主見，應該尊重；尊重他人就等於尊重自己。

想發脾氣，因此媽媽建議，只要她在房間裡，請阿尼許告訴她想穿哪件衣服，這樣媽媽就會替他拿出來，阿尼許不可以自己把衣服抽出來，因為這樣會把所有的衣服弄亂。阿尼許基本上同意，只需要偶爾提醒他就好。

　　但有時候你會覺得自己跟小孩講的話好像一點用都沒有，根本無法解決問題。在這種情況下，一歲寶寶表現自我和把事情弄得亂糟糟，其實只有一線之隔。有時候，剛開始是一回事，但是最後又演變成另外一回事。有時候，光是一大早要小孩穿好衣服準備出門就已經比登天還難。你會發現自己手上拿著背心追著小孩到處跑，一心一意只想找機會幫他穿上。時間一分一秒地逼近，你已經快要來不及了，但小孩似乎就是卯足全力要跟你作對，這是經常遇到的情況。或許這種場景會提醒大家，這就是小孩，也因此照顧小孩相當累人。有時候小孩頑固的行為似乎就是要讓父母傷腦筋，也為了看看父母如何處理這種情況，為什麼會這樣？父母究竟會怎麼做？

放手讓孩子自己來，同時用了解和包容來幫他們踩煞車

　　父母有不同管教小孩的方式。有些父母認為打巴掌就是表達「絕對不行」的意思。如果小孩的行為已經太過分的話，父母會使用這種方式來管教。雖然家長在無計可施時，可能不得已會使用打巴掌的方式，但如果經常使用這種方式的話是沒有任何幫助的。這種方式並不是聰明的作法，小孩會認為他們行為背後的某

些感受已經引起父母親的肢體反應了。他們會認為父母並未先思考或是以比較包容或體貼的方式來對待他們。然後就是這樣。當然未來日子還很長，因此了解、思考和包容小孩的情緒，長期來說對他們是很有幫助的。

回頭過來，我們試著用一歲寶寶的眼光來看這些問題，就會有更多的發現。日常生活中有很多事情是家長可以做，但一歲寶寶卻是不行的。這也是小孩會不斷表達不滿以及憤怒的原因。由於他們還小，因此每當他們合理地堅持「我自己來」，而且做得不錯時，這對他們來說雖然只是一小步，但卻又是相當重要的一步。肯定小孩合理的成就，並且幫助他們在這些基礎上繼續發展，是相當正面的作法，這樣可以幫助他們尊重自己。

當然，如果寶寶覺得父母尊重他們的話，就可以幫助他們尊重自己。對小孩說「不可以」，是為他們劃下清楚的界線，是為他們好。此外，也反應出自己對小孩行為忍耐的極限和處理的方式。無論是家長或照顧者，這些極限將會無限延伸。小孩會不斷地測試父母，尤其是針對最脆弱的部分。父母不斷地忍受，是因為他們一心一意只想把小孩撫養長大。但在這個過程裡，父母不僅需要隨時給予情緒上的支持，還要幫助小孩吸收或控制這些成長過程中所遭遇的挫折；但是每個人都有極限，因此讓小孩了解每個人都有自己的極限也沒有什麼不好。如果以這種方式尊重自己的話，小孩很快就會知道父母是真的在說：「不可以！」

家有噴火龍

　　有位媽媽請教另一位經驗較為豐富的父親，他的小孩大概在什麼時候開始有脾氣，他回答說就他的記憶，小孩在兩歲前開始有脾氣，而且好像從此以後就一直維持這個樣子。

　　另外一位媽媽談到她自己的情況。她本來是位相當成功的老師，後來辭去工作，回到家庭照顧老大喬治。她在學校已經習慣掌控班上三十個青少年的學生，所以非常在行。有天下午在廚房時，喬治開始尖叫，把食物亂扔，最後還出現經典的一幕，就是把碗倒過來蓋在自己的頭上。喬治的媽媽形容，當時她看到這個景象只能用「無能為力」來形容，心想：「我現在該怎麼辦？」

　　當自己的小孩發脾氣時，父母心裡可能會有所衝擊和害怕。在喬治和媽媽的這個例子裡，喬治發脾氣時是在自己的家裡，如果是在公共場所時（這是相當常見的），父母和照顧者必須忍受旁觀者和收拾殘局所帶來的屈辱。有趣的是，如果小孩真的在公共場所發飆時，最感到不解的是其他年紀比較小的小朋友。他們通常會走過來看著你不斷尖叫的小孩，好像他們正試著在解決這件事情。同時，這些小朋友也會感到相當不可思議，因為他們本身也有類似的情緒。

　　一歲寶寶一方面想要依賴，一方面卻又想要主導大局，因此對他們來

> **貼心
> 小叮嚀**
>
> 孩子生氣發脾氣的背後，其實是隱藏著恐懼。

說，要保持平衡是一件很沒有安全感的事。有時候一件最小的事情就會影響到平衡，而且通常都不是事情本身，而是一件件慢慢累積的事情所導致的結果；同時一歲寶寶覺得自己弱小，因此想要扮演強大的力量；或者有時候，他們覺得長大很辛苦，因此又想要變回小嬰兒，這些情緒累積到最後就會爆發宣洩出來。

尼克的媽媽帶著他和姊姊到玩具店。他們要為朋友挑選生日禮物。沒多久，尼克就迷上一個玩具，每當尼克有動作時，它的燈就會亮，還會呼呼地轉。當大家要離開玩具店時，尼克緊抓著玩具不放說：「我的！」尼克的媽媽想要說服他把玩具放回去，但卻是徒勞無功。最後尼克的媽媽只好硬生生地從他手中把玩具搶走，這時她覺得身邊好多雙眼睛正盯著他們看。對尼克來說，這簡直是世界末日。他生氣地尖叫，尖叫聲貫穿整間玩具店。尼克不願聽從母親的話乖乖坐回嬰兒車，他縮著背又溜下嬰兒車，當媽媽把嬰兒車推出店門口時，他還把一隻腳伸到輪子底下。尼克不斷地想掙脫嬰兒車的帶子，還一直尖叫，尼克的媽媽說當她最後終於走出店門口時，整個人都在發抖。

一歲寶寶通常會一股腦兒把脾氣發在自己的母親身上，有時候是取代母親的照顧者。大人的角色就是要安撫小孩可怕、困惑又害怕的情緒。一歲寶寶需要父母的協助做到這一點。此外，小孩這些極端的情緒是無法用其他方式宣洩出去的。但父母要如何回應或套句喬治媽媽的話：「我現在該怎麼辦呢？」

如何讓暴走小子冷靜下來

　　許多父母是經過很多的嘗試和錯誤才找到答案。比較有經驗的家長至少知道哪些方法不管用。舉例來說，父母很快就會知道甩巴掌只會讓情況更糟。在前述情況下要跟小孩講道理也是沒用的，因為他們根本聽不懂。通常父母會發現，只要抱抱小孩（如果他們可以接受的話）是最好的。父母可以告訴他們，你會保護他們，然後再繼續說幾句安撫的話，直到他們冷靜下來。另外一方面，父母本身如果也在氣頭上的話，最好什麼也不要說，直到自己冷靜下來。尼克的媽媽說，她要一直走一直走，直到她覺得夠冷靜為止。只有在這個時候，她才有辦法去安撫尼克，使他也冷靜下來。

　　你的小孩在發完脾氣以後，或許也會全身發抖。如果此時爸爸剛好下班後回家，便可以使情況稍微緩和些，緊張的母子關係有了可以喘息的空間。媽媽也因此有機會得到爸爸的關心和鼓勵。父母這時可以一起想想辦法，弄清楚到底發生什麼事，小孩發脾氣背後的原因是什麼。單親家庭遇到上述情況時也很需要幫忙，和好朋友或家人聊聊，會使情況有所改觀。如果這樣還不夠的話，那麼就得尋求諮詢或父母團體提供協助，自己每天背負這樣的擔子可能太過沈重。

　　小孩多多少少都會發脾氣。

> **貼心小叮嚀**
>
> 當孩子發脾氣時，打他罵他兇他都沒用，講道理也沒效，最好的方式就是抱抱他。

但是如果你覺得他總是在生氣的話，或許你要仔細想一想，是否有什麼事情影響到小孩，或是可能要請教家庭醫生是否需要介紹轉診。

當小孩不再發脾氣時，家長或許可以和小孩一起討論剛剛所發生的事，以及遇到的問題。小孩最可能擔心的是發脾氣對父母所產生的衝擊，他們表現的方式就是一直黏著父母或焦慮不安。父母可以告訴小孩，他們可以思考一下剛剛所發生的事，就算父母無法回答所有的問題，但這麼做可以讓小孩感到安心，表示父母不介意之前所發生的事，會繼續扮演協助他們宣洩情緒的角色，同時也夠堅強可以忍受他們最激動的情緒。

讓小孩知道父母能夠忍受他們最激烈的情緒，可以帶給他們很強的安全感。如果類似的情緒無法獲得包容那是非常危險的，而且會一直困擾年幼的小孩。事實上，攻擊行為、敵意或突然爆發的情緒，都是存在孩子非理性的恐懼與害怕的背後。這些情緒可能會依附在一些相當普遍的物品、動物或是昆蟲，小孩可能認為那是對他們的攻擊。這時，攻擊性的情緒和剛開始最初類似的情緒投射之間已經沒有任何關係，它只會存在於小孩害怕的東西身上。

伊莎貝爾和家人在一歲八個月大時搬到新家，她似乎適應得相當不錯，她很喜歡自己的新房間，喜歡在新的花園裡玩耍。但

貼心小叮嚀

等孩子發完脾氣之後，再來跟他談一談剛才所發生的事和問題。

是突然間她對浴室的熱水器很不能忍受。每次熱水器一有噪音就好像要她的命一樣。一開始大家只是有點擔心，但到最後卻嚴重到伊莎貝爾連熱水器附近的地方都不願意去靠近。當媽媽晚上想要在浴室幫她洗澡時，她會一直尖叫，很顯然地她很害怕。不管媽媽怎麼說都沒用。最後，媽媽只好在廚房的洗碗槽幫她洗澡，然後利用這個機會和她討論熱水器的問題，讓女兒知道她了解她的恐懼，要她不用害怕。最後伊莎貝爾的恐懼才逐漸消失，一切又恢復正常。

　　除了上述情形以外，理解和忍受小孩的恐懼，可以讓他們覺得每天的生活都是在一定的安全範圍內。適度地限制小孩的言行舉止，是要告訴他們不可對媽媽有太多的敵意、發太大的脾氣。如果父母可以一起分工合作的話，媽媽就可以扮演忍受小孩情緒的角色，爸爸則可以做劃界線的人，適度地限制小孩。最重要的是保護媽媽不至於讓她不勝負荷。單親家庭在這方面或許需要一人分飾兩角，不然就得請朋友或家人協助。無論如何，如果一歲寶寶覺得自己是處在一個穩定的環境，可以包容他們最強烈的情緒，那麼他們就比較不會焦慮，類似的恐懼就會消失無蹤。

第四章

一歲寶寶需要什麼？

「有愛就有責任」，一歲寶寶最需要什麼？

媽媽的陪伴，這是母親責無旁貸的責任。

但是當母親因照顧壓力過大，或為了經濟因素、個人因素

必須重返職場時，該如何處理呢？

其實適度短暫的分離對媽媽和寶寶都是好的。

只是如何讓這短暫分離的痛苦過程能夠盡量縮短？

和彼此間的信賴感有關。

又如何建立親子間的信賴感呢？

除此外，還提到如何在兼顧寶寶的感受下，

去幫助孩子建立規律的生活。

很重要的一章，不能不看。

需要媽咪陪在身邊

寶寶還很小的時候，就算媽媽在同個屋子裡，只要她到不同房間去，他們就會嚎啕大哭。在這個階段，他們一看不到媽媽，就像世界末日一樣，讓他們感到很孤單。一歲寶寶會漸漸不這麼焦慮，雖然他們會發現媽媽離開房間，但已經學會忍住心中的焦慮；此外，根據過去經驗，他們知道媽媽一定會再回來，因此心中會這麼期待。不過當他們看到媽媽進進出出時，心中仍會不斷掙扎，或是以不同方式來處理這種情況。

荷麗一歲半時，在吃完飯後，坐在高腳椅上，她用空杯拍打桌子表示：「沒有了。」然後會說：「下去。」再由媽媽從高腳椅上抱下來。當荷麗下來後，她會稍微跳一跳，說：「跳。」然後露出微笑。媽媽則在身旁附和她說：「對，跳跳跳。」當媽媽離開房間去為她準備洗澡水時，她的反應就是繼續跳，每次跳、每次就說：「跳。」然後就從房間的另一邊拿個汽球說：「球。」她用手指頭仔細追蹤寫在汽球上面的字，之後再把它丟到地板上說：「跳。」她很喜歡這個遊戲，會很用力地把汽球丟在地板上。後面幾次當荷麗把汽球丟到地板上時，她每丟一次就會說：「媽媽跳。」

荷麗玩這個遊戲的目的似乎就是要掌控媽媽的進出，不想只

> **貼心小叮嚀**
>
> 如果處理分離情緒的方式受到約束，長期下來對孩子不是一件好事。

是很難過地看著媽媽「離去」。
這個遊戲可以轉變讓荷麗不舒服
的場景。她改變了自己仍是小嬰
兒的事實。她把媽媽從高腳椅上

抱她下來的事實變成跳躍，這樣在她心中，她就是可以掌控全局
的人，汽球則變成母親，這樣荷麗就可以任意地把它丟在地上或
是讓它彈起來。從這個遊戲中，荷麗正學習如何面對和媽媽分
離。在這個階段，荷麗需要學習克制自己的情緒，這樣她才能忘
卻分離的痛苦。

　　有時候，媽媽和其他人離開自己視線時，一歲寶寶會大聲
抗議，就算這些人是他們很熟悉的爸爸、奶奶或是信任的保母也
一樣。父母可能會因此過度擔心，但是小嬰兒只是在告訴媽媽，
她對他們來說有多麼重要，因此當心愛的人離開身邊時，他們會
很難過。年幼的小孩在這時需要安慰，有經驗的保母就可以做到
這一點。當然如果寶寶對媽媽的離開完全無動於衷，那麼可就更
令人擔心了。如果遇到這種情形，父母可能會思考，為什麼一歲
寶寶面對分離時不會有任何的反應。有可能是因為寶寶感受到壓
力，讓自己必須表現出超齡的獨立，因此他們完全隔離掉自己的
感受。如果，處理分離情緒的方式受到約束，長期下來對小孩並
不是件好事。小孩必須知道他們對分離所感受的痛苦是可以公開
表達，讓周遭的大人知道，這樣才有辦法以正面的方式來正視和
宣洩這些情緒。

短暫分離對寶寶和媽咪都好

　　短暫分離對一歲寶寶和父母都是有好處的。媽媽可以有幾個小時的時間恢復精力，寶寶則可以因為媽媽有足夠的休息而獲得好處。在那幾個小時裡，一歲寶寶也因此有機會和其他人發展出比較密切的關係，豐富他們的生活。只要母親離開的時間不會超出寶寶所能忍受的範圍，他們也會因為自己可以面對媽媽不在時的情緒，而顯得怡然自得，甚至還蠻喜歡這樣的經驗而感到有成就感。有時候父母會把這項活動列入每週的例行事務，固定的短暫分離並不會造成任何問題。

　　安的媽媽每個星期都會固定去上瑜伽課，安的爸爸則配合提早下班來照顧女兒。這樣的安排，不只讓安的媽媽有些屬於自己的寶貴時間，也可以讓安和爸爸有機會可以單獨相處。當安和爸爸送媽媽去上課後，安和爸爸會一起坐「紅色大巴士」回家。他們總會停在安現在最喜歡的店門口「克斯比」享受大餐。這樣規律的作息，包括將短暫的分離併入寶寶的生活中，同時提供一個空間，讓寶寶可以深化自己與重要者的關係。隨著每週的固定模式，一歲寶寶也會覺得自己比較

> **貼心小叮嚀**
> 　　媽媽只要在寶寶能夠忍受的時間內回來，他們對於短暫分開是OK的。

> **貼心小叮嚀**
> 　　快樂地去做自己喜歡的事吧！寶寶有其他大人來照顧，沒事的，媽咪！

能夠掌控分離。安和爸爸在沒有其他事情的干擾下，總是一起玩得很開心。

我家寶寶適合哪種托育方式？

　　有些媽媽必須在生完小孩不久後就返回全職的工作崗位，有的是出於自願，有的是因為經濟的考量。有些人會先在家裡擔任一陣子的全職母親，有些人則選擇在寶寶一、兩歲的時候擔任兼職的工作。如果母親有考慮在某個階段返回工作崗位，托兒就會成為家中很重要的考量。

　　除非媽媽非常幸運有親戚住的很近，願意幫忙；否則大部分的人都需要找保母、保育員、幫傭或是護士。父母會根據他們小孩的需要來決定，同時也會考量在住家附近所有的選擇，有時候某個選擇在某方面有相當高水準的條件，但在其他方面不見得如此。父母必須自己多方研究並和鄰居多聊聊。在決定時，父母總是希望能夠在自己孩子的成長階段，為他們帶來最多的幫助。

　　年輕保母通常年紀都不大，因此會覺得照顧一歲寶寶的責任相當重大，也比較喜歡和媽媽或比較有經驗的照顧者一起工作。

貼心
小叮嚀

一歲寶寶不適合去托兒所。

合格的到府保母（nanny）通常對這個族群的小孩比較有信心，因為他們接受過具體的訓練，而且通常之前也都有過相關的經驗。在家保母（childminder）通常是家庭主婦，

有帶自己小孩與家庭的經驗，因此可以在她的家中，為你的小孩提供有家庭氣氛的環境。同時在她家中，還可能會有不同年齡的小孩，使不同年齡層的孩子相處地像兄弟姊妹般。不同的托兒所之間則會有很大差別，但是那樣一個機構化的環境，必定會讓你的寶寶感到陌生，因此有可能無法符合寶寶在這個階段的需求。

　　有些托兒所會讓你對它們的有效率印象深刻，但是做事有效率並不代表他們親切與熱情。這麼年幼的小孩仍然無法面對機構裡的團體生活。一歲寶寶需要有一個值得信賴的大人，可以相處，可以包容他們的感覺，可以幫助他們處理情緒與各種不同的經驗。要小孩和一大群的工作人員，而不光只是與固定一個人相處，對他們來說，是相當困難的。儘管如此，信譽良好的遊樂課程和托兒所所採取的是固定的「主要工作者」系統。每位工作人員負責照顧一位小孩，使小孩能夠和這位工作人員建立特別的關係。唯一的問題就是這樣的制度運作起來，到底成效有多好是值得商榷的。

　　有了這些概念以後，我們要知道這個階段的寶寶所需要的是，當媽媽不在家時，會有一位敏銳、體貼又有熱情的照顧者，讓他們處在安全的環境，幫助他們處理白天的事情直到媽媽回家。這是相當重要的工作。因此尋找合適的托兒方式可能又會為父母帶來相當大的壓力，甚至困擾，尤其是母親。一旦找到適合的托兒方式以後，大家也就可以好好地鬆一口氣。

　　為一歲寶寶找到適合的托兒方式以後，接下來所要面對的就

是如何處理分離的問題。介紹新的保母、老師，或是介紹環境給小孩認識，或是和小孩一起待在新環境，都可以幫助小孩對新的人事物產生較多的安全感。此外，用簡單的語言跟一歲寶寶介紹新環境也會有所幫助。一歲寶寶最想知道的，就是媽媽什麼時候回來。如果寶寶看到妳信心滿滿，就算分離的時候很痛苦，他們還是會安然無恙。雖然有最好的計畫和細心的準備，但如果第一天早上回家後，你在洗衣機裡發現汽車鑰匙，可千萬別驚訝喔！

▌親密關係的愛與苦

　　愛的越深就會容許彼此互相更加認識。這種親密關係的力量相對地也會使自己變得相當脆弱。自己會深受對方思想、感情和來來去去的影響。自己會依賴對方，同時由於已經向對方敞開心房，因此也比較容易受傷、受挫，但是也會覺得自己要向對方負責，不要做出任何傷害對方的事。如果親密關係為自己帶來痛苦，自己或許會停止付出感情，保持冷漠，不願再愛這個人而選擇人生的其他目標。這麼做的話，就是因為不想付出太多而受傷。但是這樣一來，自己將會遇到另一個更嚴重的問題，自己將會失去作為人的潛力，同時也失去發展親密關係的機會。

　　親子關係是相當重要的，因為這種關係是他們人生中第一次體會到真愛的經驗，而且這種關係是可以經營的。這種感覺和熱

有愛就有責任。

戀中的男女並不相同。一歲寶寶，作為一個年紀輕輕的小愛人，在他們眼前的路可不容易，不只是因為他們需要去安於自己那無助與依賴的情緒，還必須習慣那分離所帶來的挫折感。一歲寶寶漸漸體會到他們的媽媽是個獨立的個體，有自己的情緒，因為這樣的體認，讓他們感到更痛苦。一歲寶寶很需要母親可以安撫容忍自己的各種感受。他們一直有這樣的需要，但他們也發現到因此增加了媽媽的負擔，看到媽媽為自己而痛苦受罪，寶寶也會害怕擔心自己對媽媽所造成的傷害。愛和責任是相輔相成的。當寶寶知道自己無法完全佔有母親而心碎時，我們只能希望父母可以一起來安撫小孩。

要了解一歲寶寶就必須了解親子關係中濃烈的感情以及痛苦。這個年紀的寶寶已經到了「要他們不注意周遭所發生的一切都很難的階段」。尤其是任何他們所深愛的事物。小孩對任何事都沒有什麼經驗，意味著他們很容易感到困惑。但是孩子身上濃烈的愛還是顯而易見。

路卡的媽媽提到她人生中最慘的一段時間，就是路卡快滿一歲前要斷奶的那幾個月。有時她餵奶餵到一半時，她會想到一些問題，心情因此相當低落。雖然她很確定自己沒有表露出來，但她很訝異路卡居然這時就會停止吸奶，然後伸長脖子看著她的眼睛。路卡憂心忡忡的眼神讓她很驚訝，路卡看著她臉龐的表情也讓她很吃驚。通常她會跟路卡笑一下或是跟他說說話，之後路卡

貼心
小叮嚀
　　媽媽心情不好，
寶寶也會皺起眉頭，
他們對媽媽的心理狀
況是非常敏感的。

才會再繼續喝奶。

　　寶寶和幼兒就像路卡一樣對媽媽的心情和心理狀況相當敏感。如果他們發現媽媽心情很好，就會很放心也會很有安全感，知道媽媽有足夠的力氣照顧他們。但是，如果媽媽發現自己已經憂鬱了很長一段時間，那麼可能就需要看一下家庭醫生。孩子還小的時候，父母的確很辛苦，因此父母更需要互相幫忙，直到小孩們獨立為止。

　　對一歲寶寶來說，由於濃厚的親子關係和所帶來的責任感，使他們一直在學習要如何面對和心愛的人分離時所產生的挫折和痛苦。問題並不在於要如何使小孩完全不要受到情緒影響，因為這些感覺都是身為人以及接觸世界時所會產生的情緒。如果父母可以理解一歲寶寶所要忍受的強烈情緒就比較可以從旁協助。如果有人可以了解你，會讓你內心的痛苦產生巨大的改觀，這同時也會幫助你在內心建立對一個人或一個父母團隊的信心，這種信心可以支持你面對無法避免的分離和人生種種。

建立信賴感

　　要幫助一歲寶寶建立這種信賴感，首先要先從信任生活中重要的人物開始，通常是父母。尤其在某些單親家庭裡，一些親戚或往外延伸的家庭成員的角色就更為重要。父母可以用很多方式幫助寶寶產生信任，其中之一就是如何處理分離的問題。

　　娜塔莎的父母很擔心她。當時她二十二個月大，變得很黏人，不准他們離開她的視線一步。如果他們想要離開一下，舉例來說，去採買日用品的途中將她暫時托嬰一下，她似乎都能事先察覺（雖然他們都很小心不在她面前提到），然後她就會變得很難搞定。在要帶她進入臨托處時，她就開始尖叫。娜塔莎的父母因此特別擔心，尤其是當他們開始每個星期送她上幾次遊戲團體，每次會離開幾個小時，但過程並不順利。

　　娜塔莎的媽媽說他們會送她到遊戲團體，然後趁娜塔莎正在玩黏土不注意時溜走。這個方法一開始有效，但是有幾次他們得提早去接她，因為就算很有經驗和愛心的老師也已經無法安撫她的情緒。最近當他們送她去時，她會緊抓著爸爸或媽媽的手不放，就算她的另一隻手正在玩黏土也一樣。雖然他們想離開，但是因為娜塔莎尖叫得太厲害，使父母也不敢貿然丟下她不管。

　　娜塔莎的父母和老師經過一番長談，同時思考更多娜塔莎對分離所產生的焦慮，他們決定採取不同的方式。當娜塔莎努力適應遊戲團體時，他們盡量不要將她留在其他更不熟悉的暫時托嬰處。同時也開始以簡單又有自信的方式在去遊戲團體前為她做心理準備。他們告訴她只會待五分鐘，就會跟她說再見，一會兒之後就會再見面，並接她回家。娜塔莎雖然還不會講話，但很明顯

貼心
小叮嚀

分離對孩子來說就像世界末日，父母處理得好，就能獲得孩子的信任。

聽得懂這一點，然後就開始哭泣。她的父母表現可以同理她的心情，但仍然相信她是可以沒事的。

娜塔莎在事前雖然很傷心，但至少她的父母在事前有機會先讓她表達心中的憂慮，因此當娜塔莎真的要和父母分離時，她似乎比較沒有那麼焦慮。當爸爸媽媽跟她道別時，娜塔莎仍然會大聲抗議，但無論是爸爸或媽媽都沒有心軟，只是將她交給托兒所的老師。娜塔莎開始認知到這是例行的步驟，同時也覺得自己比較可以掌握，因為爸媽很直率地跟她道再見。建立信任的過程似乎也在幫娜塔莎相信父母會照他們所說的，會再回來接她。

在不到兩個星期內，娜塔莎的父母終於放心地看到她不再那麼黏人。當老師說現在爸爸或媽媽要離開了，她只會哭幾分鐘，之後就會去玩她喜歡玩的遊戲。同時她在托兒所的情緒也比較穩定，雖然老師注意到她在玩新遊戲時會有點緊張，但只要稍加安撫就可以穩定下來。從這種情況來看，讓娜塔莎相信父母，知道父母一定會來接她時，就能加強她對父母的信賴。有了這個概念以後，再加上有細心敏銳老師的照顧，都能讓娜塔莎在父母不在身邊時，一樣保持穩定的情緒。

雖然偶爾有些情況會導致一歲寶寶的行為退化，因此需要父母和照顧者一再地向他們保證。

貼心小叮嚀

不要以為一歲寶寶聽不懂，要離開最好事先跟他溝通，一方面讓他表達心中的感受，一方面不斷告訴他，爸比媽咪一定會回來接他。

有時這種情況會發生在小孩成長剛有所突破時，因為他們可能對之前的進步有點困惑。不過搖擺在充滿自信、獨立與缺乏安全感及渺小之間都是相當自然的，而且這種感覺會持續整個童年。

　　規律的作息所能帶給寶寶和小孩的安全感是不可低估的。正如我們之前所提過的寶寶很需要依賴別人，因此既定和固定作息使生活有比較多的可預測性。如果寶寶很熟悉每天生活的作息，他們會覺得比較可以掌控，也比較不會擔心或害怕即將發生的事。當然，規律的作息需要保持彈性，使家庭成員能有些自由。但是如果是跟寶寶吃飯睡覺有關的事，則需要盡量提供有安全感的環境。這樣可以幫助小孩建立對家庭生活的信心，同時也可以盡量使他們生活在比較充滿信任的環境中。

規律生活是寶寶的好朋友

一夜好眠

　　對寶寶和幼兒來說，能夠一覺到天亮是相當了不起的成就。就像哺乳一樣，如果一歲寶寶有任何擔心或是不開心的事，他的睡眠就會受到影響。

　　此外，我們可以把睡覺這件事情想成是另外一種形式的分離和道別，由於這段分離的時間會持續整個晚上，因此寶寶得面對許多的未知。寶寶無法安然入眠，可能是因為在情緒上沒有足夠

的安全感，或是當他們在黑
壓壓的夜晚中睡著，不知道
父母是否會因此忘記他們的
存在。這就得回到之前所討論有關信賴感的問題。

貼心
小叮嚀

規律的作息能提供
寶寶更多的安全感。

　　夜晚的確存在很多令人容易做惡夢的因素，以下這首童謠道
出黑夜的神祕：

　　　樹梢搖著我的小寶貝，向他道晚安，

　　　當風輕輕吹，搖籃晃呀晃，

　　　樹枝斷裂時，搖籃掉下來，

　　　我的寶貝也和搖籃一起掉下來。

　　這首童謠的歌詞似乎讓人沒那麼有安全感，但或許是因為很
多父母把它拿來當作搖籃曲，因此會以比較放鬆的方式唱出夜晚
令人害怕、不安和不可預知的恐懼。它也述說著父母能夠安撫小
孩害怕黑夜降臨的恐懼。如果小孩知道自己在他們在意的人心中
佔有一席之地的話，他們的信賴感和安全感就會比較強一點，這
和父母是否能夠掌握他們的情緒比較沒有直接關係。寶寶或許需
要更多的信心，讓他們知道自己和父母是不同的個體。

　　身為父母，你或許得坦承自己的小孩的確對黑夜有各種恐
懼。如果了解到，就像其他形式的畏懼和恐懼症一樣，這些有可
能都是因為小孩內心本身的一些敵意感投射，或許會有些幫助。
一旦無法追查出導致這些負面情緒的原因時，父母就很難去釐

清，這些情緒到底跟什麼事情有關。小孩最初的憤怒可能已經轉換成無法解釋的恐懼，不斷地在夜深人靜時悄悄出現。不過如果父母先把這些憤怒當作是小孩個性的一部分時，或許反而可以幫助父母辨識導致恐懼的真正原因，並且以更理性的眼光來看待這些情緒。

　　每天晚上固定的睡前儀式，或許也可以使小孩有更多的安全感，讓父母比較容易掌握他們的情緒，幫助他們入眠。

　　安妮睡覺前固定要做的事就是會使用一些特定的字眼，去「預測」她將要做的事。安妮喜歡事先知道接下來要做的事情，譬如：她在洗澡時就會要去拿她的熱毛巾，這條毛巾通常都會掛在暖氣機上面。此外，她會喝杯熱牛奶，聽聽床前故事，通常在七點前就會入眠。

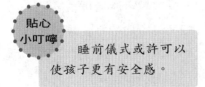

貼心
小叮嚀
　　別懷疑，一歲寶寶會因為擔心或不開心就睡不好。

貼心
小叮嚀
　　睡前儀式或許可以使孩子更有安全感。

　　每天和這個年紀的小孩一起平靜地度過這段時間，做些簡單熟悉的事，可以幫助小孩放鬆、穩定情緒。彼得和克里斯汀的家人睡覺前也都有固定要做的事，其中包括一盤水果和床前故事。講完床前故事之後，碧翠斯的媽媽總是會唱搖籃曲。每個家庭有不同的方式，但最重要的就是規律，使小孩能夠在睡覺前有穩定

的情緒。

　　當然，就算規律的作息也無法保證每個家庭都能安然無恙地度過這段時間。有時候或許在洗澡時毛巾掉到浴盆裡，水果掉到地毯上，安眠曲被不太悅耳的其他聲音淹沒，但這就是實際的生活寫照。不過幸運的是，就算有什麼風風雨雨，還是有方法可以使小孩和整個家庭緊緊地聯繫在一起。

不再包尿布

　　隨著時代的改變，有關訓練小孩上廁所的方式也會有所不同。通常第一個會面對的問題就是該什麼時候開始訓練。以前的人好像在比較早的時候就開始訓練小孩上廁所，希望小孩能夠在滿兩歲後不再使用尿布。現在的趨勢則是比較晚開始，配合小孩的步調，等他們準備好不再依賴尿布，再進入另外一個成長階段。

　　但外在壓力通常迫使父母不得不開始如廁訓練。有些父母可能會希望小孩在兩歲左右每天去上幾個小時的托兒所，兩歲通常是許多托兒所開始托收的最小年齡。有些托兒所可能比較喜歡已經會自己上廁所的小孩，但這對一般家庭來說可能還是太早了點。有些托兒所比較有經驗可以幫助父母訓練小孩，這樣的環境或許對小孩是比較適合的。

貼心
小叮嚀

什麼時候該訓練孩子上廁所？當孩子準備好的時候吧！

如果母親又懷孕的話，父母也可能比較積極想要訓練小孩上廁所。因為這樣就不需要同時幫兩個小孩處理尿布的事情。但就算已經會自己上廁所的小孩，一

> **貼心小叮嚀**
> 如廁訓練準備好的徵兆：跑到隱密處換濕尿布、對馬桶有興趣及對尿布不耐煩。

旦看到有弟弟或妹妹出現，他或許又會有退化行為，一味地想要再依賴尿布一段時間。同樣地，當他們發現自己有弟弟或妹妹時，就算之前已經獨立吃飯一段時間了，他們或許還是會要求父母再餵他們吃飯。通常一歲寶寶的想法是，他們覺得自己似乎不應該在這段時間表現得太獨立，他們或許需要更多安全感，知道媽媽就算在照顧弟弟或妹妹的同時，還是會永遠在身邊照顧他們、滿足他們的要求。

如廁訓練還是得回歸到原來的主題，也就是跟信賴感有關，信賴感並不是一蹴可幾的，需要時間慢慢培養。配合小孩節奏來決定適合的如廁訓練時間是有實際理由的。一般父母認為，如果太早訓練的話，整個過程反而可能會拖得更久。相反地，如果小孩已經做好準備，父母和小孩就可以一起達成共同的目標。

奇藍的媽媽分享他教導三個兒子上廁所的經驗。她說第一個小孩讓她覺得整個過程沒完沒了。有一次她沮喪到極點，還把小孩想像成是包著尿布的青少年。到了第二個小孩的時候，她就比較晚開始訓練，但整個過程就進行地相當快。輪到奇藍時，她根本沒注意到自己曾經花時間教他上廁所，好像是他自己學會的。

奇藍那時候似乎下定決心不再依賴尿布，就是這樣。

　　小孩要如何知道自己準備好了沒？首先他們的生理發育必須夠成熟，括約肌夠成熟，他們才能忍住大小便。此外，他們的情緒也得先做好準備，這個部分就比較複雜些。

　　如果父母知道尿布對小孩的意義或許會有所幫助。尿布對小孩來說是種安全感的象徵，它包住了可以交給父母處理的髒東西。尿布也象徵他們需要父母的包容來處理髒東西。當他們不再依賴尿布時，意味著必須放棄安全感來源的尿布，但是他們在心理上卻仍然緊抓住它所代表的意義。他們必須相信自己能夠有其他方式處理自己的大小便，同時也得相信父母還是可以包容他們、給他們安全感。寶寶需要捨棄帶給他們安全感的某樣東西，另外找尋新的替代品，但如果寶寶內心尚未發展出足夠的信任和依賴感，他們很有可能在還沒找到替代品之前就會失去安全感。

　　建立信賴感和安全感需要時間，就如同寶寶會找到最適當的時機不再依賴尿布一樣。有時候他們也會對尿布所包的內容物有所依戀，不太想要馬上更換或清洗。隨著他們漸漸獨立，就會更想要掌控這部分。這是相當敏感的事，因此父母在面對這件事情時需要有足夠的敏銳度，因為當寶寶想要更獨立，更有主導權時，也是意味著在不久之後，他們會用同樣的能力來脫離使用尿布的日子。在目前，父母或許得先和寶寶妥協，使他們擁有足夠的自尊。

　　家中的一歲寶寶或許在滿兩歲之前還沒準備好接受如廁訓

練。但如果他尿布濕時，跑到隱密的地方去換尿布；對馬桶或尿桶有興趣（這是瞬間就發生的事）；或是對尿布漸漸不耐煩的話，這些通常都是父母可以開始考慮如廁訓練的訊號。市面上有許多以充滿想像和趣味的方式介紹如廁訓練的書。如果父母已經進入到並不覺得這件事有什麼壓力的階段，並且相信自己的判斷，覺得孩子已經準備好了，或許這就是可以開始如廁訓練的最佳時機。

第五章

一歲寶寶的社交生活

此時,寶寶的探索觸角要從家裡探觸到家門外的世界去了。

爸媽可以帶著寶寶到公園、遊樂中心、百貨公司兒童俱樂部、

社區遊戲團體及玩具圖書館玩,都是不錯的選擇。

學習分享、認識新朋友和與人相處等重要課題,

這些都可以幫助寶寶邁向更獨立的生活。

外面世界真奇妙

在家照顧這個階段的小孩是很累人的一件事。當你不到六點就起床時，你已經可以想像今天一天的工作，不過如果能夠在接下來的十二個

小時找出一點時間出去走走，相信是件相當好的事。小孩如果有大人的陪伴可以讓他們放鬆，無論你是父母或照顧者，光是走出家門就可以讓你的一天有很大的差別，小孩也可能會有同樣的感覺。出去走走總會帶來意想不到的收穫。

你和一歲寶寶在出門後可以從事很多活動。有位兩個小孩的媽媽想要找個人幫忙看小孩。一位年輕女性名字叫烏拉，由朋友介紹給這位媽媽。烏拉要和媽媽及小孩碰面的那天上午一直下雨，這位媽媽就問烏拉，如果得到這份工作的話，在這樣的天氣她會帶小孩做什麼事。烏拉回答說她會要小孩穿上外套和雨鞋，然後帶他們出門找個水坑跳進去。當家中老大偷聽到這段對話時，不用說，烏拉在下午就帶著小孩出門，大家玩得非常開心。

和同年齡的鄰居做朋友，無論是對小孩或是對大人都有好處。公園通常是最受歡迎的地方，如果有遊樂中心的話是最好不過了。有些公園甚至還有咖啡屋，可以讓大人坐下來聊聊天。有些公園則有「一點鐘俱樂部（One O'clock Club）」提供幼兒各

式各樣的藝術和活動。

　　玩具圖書館也是一歲寶寶相當喜歡的地方，通常它提供一個相當寧靜又具啟發性的環境，使一歲寶寶可以玩得非常過癮，有時也可以在這裡認識住家附近的其他小朋友。社區的遊戲團體(play group)也是認識其他人的好地方，通常它會提供玩具和活動給小孩，同時也有地方可以讓大人坐下來喝杯咖啡。這對需要同時哺乳新生兒或餵牛奶，又要讓一歲寶寶可以自由玩耍的媽媽來說是最適合不過的地方了。當你的小孩已經熟悉新地方以後，他就比較可能會離開你身邊到處去探索。看到一歲寶寶在這樣的環境到處探索是一件相當美好的事，你也可以稍微放鬆一下當個旁觀者。

　　這個年齡的小孩大部分都各玩各的遊戲，他們比較沒有一起玩遊戲的傾向。當他們對和自己差不多大的小孩產生興趣時，是相當有趣且值得觀察的地方。他們在開始玩耍時，通常會先一直看著對方，接下來可能會伸手摸一下對方。等這個儀式結束以後，他們可能會對玩具產生興趣。他們可能會繞著遊戲區，挑出他們想要的玩具，有時候當他們混熟以後，甚至還會把玩具拿給其他小朋友。大家相安無事直到一些意外的小插曲出現，有些小朋友可能會想拿走其他小朋友正在玩的玩具，這個時候，也是大人的下午茶時間結束的時候。

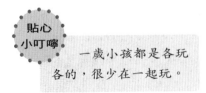

貼心
小叮嚀

一歲小孩都是各各的，很少在一起玩。

學習分享

一歲寶寶並不會自然而然就會分享。這是個參與文明社會團體必須學習的行為。在文明社會的團體中，每個人的需求都要受到尊重，都是同等重要。對自尊相當強烈的一歲寶寶來說，分享是個完全陌生的概念，同時也是相當難學習的行為。

貼心小叮嚀

搶玩具隱含了不想和別人分享媽媽的意涵。

貼心小叮嚀

幫助幼兒擁有分享的的概念，不只會讓他們在朋友圈中更受歡迎，也可以帶給他們自信。

當媽媽告訴潔西會有個小朋友來家裡和她玩時，她很開心。這位「朋友」準時到達，他們開始在客廳玩玩具，媽媽們則坐在身旁。但很快也很明顯地可以看出，所有的玩具都在潔西身邊，她好像要保護這些玩具一樣。小客人則一件玩具都沒有，潔西的媽媽從樓上拿了更多的玩具，她還特別挑了一些潔西不會喜歡的玩具，當媽媽把這些玩具拿給小客人玩時，潔西開始尖叫，讓媽媽感到相當尷尬。幾個星期以後，這個小朋友又到家裡來作客，她發現這個小朋友這次自己帶了一大袋自己的玩具。

在前面我們已經提過，遊戲是探索世界的一個方式，小孩探險世界的第一站都先從自己的媽媽開始。小孩開始對媽媽以外的世界產生興趣，是因為他們有對媽媽產生興趣的能力，這種能力會進一步發展。根據這個觀念，潔西無法和別人分享玩具，主要

是因為玩具對她的象徵意義不只是玩具而已。一歲寶寶之所以很難和人分享，並不是因為玩具本身，而是他們不想和其他人分享摯愛的母親，這正是搶玩具所代表的意義。「我想要擁有全部的你」這種佔有慾，代表了寶寶和媽媽之間的關係。還有，類似的情形是父母注意到如果家中快要有新生兒時，老大要和別人分享玩具或東西就會特別困難。

進步需要毅力，幫助幼兒擁有分享的概念，不只會讓他們在朋友圈中更受歡迎，也可以帶給他們自信。如果他們老是成功地從其他小朋友手中搶到東西而不願意分享的話，最後他們心中可能會充滿罪惡感和負面的情緒。幫助他們在和其他小朋友相處時劃下清楚的界線，這樣他們會學習控制自己的貪念和佔有慾，同時也表示獲得你的支持。

如果身邊有新生兒或是即將有新生兒報到的話，一歲寶寶也需要獲得你的肯定，讓他知道媽媽總是在身邊，沒有人會搶走他的媽媽。一旦有了這個觀念，再加上家中如果有兄弟姊妹的話，就可以幫助他們學習分享的概念，尤其是，如果年幼的小孩知道媽媽總是把所有的小孩放在心上，他們就會學得更快。

認識新朋友

向其他小朋友介紹你的寶寶，對寶寶來說是相當有趣的一件事，同時也可以幫助他們認識新朋友。因此家長要隨時準備協助他們。家長不只是幫助他們分享彼此的玩具，也要幫助他們有合

宜的行為舉止。一歲寶寶很有可能想要用自己的方式來做事，但他們很快就會發現這樣是行不通的，打人或是其他比較具攻擊性的行為也一樣沒有用。合宜的舉止是有基本規則的，如果家長教導小孩學習這些規矩的話，就能夠幫助他們認識新朋友。

在遊戲團體中常看到的景象是，在各式各樣正在進行的角落活動中（編按：例如辦家家區、捏黏土區、塗鴉區、玩具區等等），媽媽帶著寶寶跟其他的寶寶說對不起，這就是一種學習。比較沒有這種社交經驗的寶寶，通常都是最容易傷害別人的寶寶。這樣會讓他們比較沒有人緣，甚至處於劣勢。在類似的社會環境中，如果家長對小孩的叛逆行為睜一隻眼閉一隻眼的話，是沒有任何幫助的。因為，這樣寶寶將會失去學習和其他朋友相處的機會。如果家中有新生的弟弟或妹妹，這對一歲寶寶來說，更是學習如何以友善的方式和其他小朋友相處的絕佳機會。

喬治娜有一個新生兒妹妹艾美。喬治娜的媽媽提到一歲的喬治娜如何欺負剛出生的妹妹，以及她是如何地難過。她不知道該怎麼辦，有時候當姊姊在欺負妹妹時，大家都沒注意到，等到發現時已經來不及了。本來喬治娜只是輕輕拍妹妹，但是她會漸漸加強力道，後來變成用打的。本來只是把嘴巴放在妹妹的頭上，到最後卻變成用咬的，使得艾美痛得嚎啕大哭。

貼心 小叮嚀

缺乏社交經驗的寶寶，通常最容易傷害其他寶寶；有規矩有禮貌的小朋友則比較有人緣。

　　這類的舉止如果沒有及時注意的話，將會使這些攻擊性的行為沒有足夠的宣洩管道，令人更加害怕。喬治娜欺負艾美的行為應該要受到制止，不要讓她認為欺負妹妹沒有人會發現。喬治娜繼續欺負妹妹的行為越來越令媽媽生氣，因此媽媽更不想接近喬治娜，但這樣只會加深喬治娜對妹妹的敵意。此外，偶爾能夠不被察覺地攻擊別人時所帶來的快感，都會對姊妹產生威脅。後來，家人的處理方式是和喬治娜好好談一談，為什麼她有時候喜歡妹妹，有時候卻又不喜歡妹妹？喬治娜的媽媽還特別費一番功夫和喬治娜單獨相處，並且給她特別的關愛。

　　家裡的每個成員都有權利受到保護，尤其是新生兒，因為他們特別脆弱。喬治娜的例子告訴我們，要一歲寶寶控制內心的嫉妒，單獨和剛出生的弟弟或妹妹在房間裡似乎太強人所難。就跟保護新生兒避免他們遭受攻擊一樣，父母也要保護一歲寶寶避免他們有任何過於極端的情緒出現。

　　本書在前面討論有關寶寶在家中地位時，已經提到如何處理嫉妒和競爭的情緒。新生兒可能會使一歲寶寶產生相當多強烈的反應和情緒，因此很需要父母的幫忙和協助。父母可以先幫小孩認識自己內心的感受和把這些感受變成攻擊別人的行為是不一樣的。如果一歲寶寶感到困惑或生氣是沒關係的，但如果因此咬人就不對

貼心
小叮嚀

　　父母若是對小孩叛逆的行為睜一隻眼閉一隻眼的話，反而沒有任何幫助。

了。如果覺得嫉妒也沒關係，但因此打人就不可以。家中可以建立一套大家都接受的行為準則，這一套準則還可以運用在家中小孩和外面小孩相處時的標準，這對於他們未來都相當有幫助的。

到不同的團體認識新朋友

你也可以帶家中的一歲寶寶去參加各式各樣具建設性的活動，包括音樂和律動課程、塗鴉課程、說故事教室、身體律動教室等等。這些課程通常都是由老師帶領，而且需要一歲寶寶和你自在地一起完成每件工作，這對幼兒來說是相當有成就感的事。老師會帶領團體同時給予指示。由於團體中有其他的一歲寶寶，因此是相當有趣的經驗。同時也可以給家長在不同的環境中了解自己小孩的機會，有時甚至會發現許多在家裡沒發現的事情。

海倫最喜歡去的地方就是圖書館。海倫的媽媽總會在每星期一下午的說故事時間帶她去。圖書館員會集合要聽故事的小朋友，然後拿著大大的故事書講給他們聽，邊講故事的同時還會給他們看圖片。聽過幾個故事以後，小朋友還可以拿蠟筆和紙，畫下他們想畫的東西。

海倫的媽媽本來很擔心她，雖然海倫已經一歲又十個月大了，但每次在公園的溫蒂漢堡或是別人家中看到其他小朋友，她總會很害羞地躲起來。但是在圖書館說故事時間，因為既安靜又

204<

有情境設計，媽媽發現海倫有些不同。海倫開始會和其他小朋友互動，這是她媽媽以前從未見過的。海倫會看其他小朋友畫了什麼東西，同時也會給他們看自己畫的東西。

看到海倫有這樣的轉變，她的媽媽發現原來她喜歡安靜的活動。她不懂之前為什麼海倫會不喜歡接觸其他的小孩。她為什麼會緊張呢？是不是其他小朋友有什麼特質讓海倫沒有安全感呢？海倫媽媽要怎麼幫她呢？無論如何，當海倫媽媽看到她在安靜的環境中變得比較喜歡說話，同時也變得更有自信時，她已經找到其中一個問題的答案。

露依絲的媽媽每個星期都帶她去幼兒活動教室。那是個相當活潑的團體，珍妮斯老師是一位相當有活力、有熱情的人。小孩（有時候會抓著爸爸、媽媽或照顧者的手）會跟著珍妮斯老師在房間跑，跟著她吹泡泡。但也有些障礙賽需要學習、要自己穿衣服、戴帽子、躲在帳棚裡，同時還有很多其他遊戲可以玩。露依絲才一歲十一個月，她參加每個活動，看得出來她很喜歡這些遊戲，但媽媽卻發現她對每個遊戲的熱度都只有幾分鐘。

珍妮斯會拿著裝滿彩色球的袋子，然後把裡面的球全倒在地板上，再拿某個顏色的球要小朋友把同樣顏色的球放到籃子裡。小朋友會到處跑去找球，然後再把球放到正確的地方。但露依絲看起來似乎覺得這個遊戲太難了。媽媽以為她知道自己要做什麼，但露依絲只是看著球，然後故意慢慢地走到球那邊，結果球總會被其他小朋友先拿走。但露依絲並沒有生氣，她還會專心看

著其他小朋友在做什麼，好像觀察小朋友比遊戲本身更有趣。媽媽一邊想要從其他小朋友手中搶回球來，一方面又得照顧露依絲的球，這樣她才可以繼續玩遊戲，後來媽媽開始注意到自己女兒的特質。

　　彩色球的遊戲好玩嗎？露依絲的媽媽沒有明顯的答案，但她心中有很多問題。露依絲到底覺得哪裡難呢？問題是否在遊戲的節奏？因為彩色球灑了一地，小孩必須再衝上去搶個彩色球？是不是挑出正確的彩色球太難了？是不是露依絲擔心和其他小朋友因為搶同樣的彩色球而起衝突？或是她心中好勝的競爭心，使她不願意去拿球，反而喜歡看其他小朋友在遊戲中所表現出來的競爭心呢？

　　丹尼爾的媽媽則面臨不同的處境。她決定要帶一歲八個月的丹尼爾到社區音樂教室。蘇達老師是一位面帶微笑、教學很生動活潑的音樂家。可惜的是，音樂課剛好是在丹尼爾睡午覺的時間，所以每次到教室途中，他就在嬰兒車裡睡著了，而且一睡就是整整一個小時。媽媽總會留下來看他是不是會睡醒，然後順便看看課程是怎麼上的。上課時有很多唱歌、拍手、做動作甚至是玩樂器。課程的高潮是蘇達拿出一個大型手鈴鼓，鼓面有很炫的彩色漩渦裝飾，令大家嘆為觀止。蘇達會邀請小朋友一個個上來用棒子打鼓。有些小朋友會用敬畏的心接近鼓。有位家長就跟丹尼爾的媽媽說他已經來幾個月了，但只試過一次。結果隔週丹尼爾就不睡午覺了，他上去很用力地打鼓，就連蘇達也很驚訝。

雖然媽媽很高興看到他打鼓，但也很擔心丹尼爾這麼用力所代表的意義。這使她想起當她還在餵母奶時，丹尼爾會輕輕地抓著媽媽的小指。這個習慣一直持續到現在一歲十個月，他還是持續這個習慣，只是有些不同。當他接近媽媽時，會把媽媽的手抓過來輕輕地搓揉。這個階段又持續一陣子，直到丹尼爾把她的手弄痛，使她不得不縮手。

丹尼爾的媽媽心中也有很多問題。一開始，她會想，丹尼爾為什麼要這麼做？丹尼爾為什麼一開始是輕輕的搓揉到最後會變成這麼用力，使她這麼痛？這跟他用力打鼓有關嗎？這是正面的訊息嗎？是不是丹尼爾想表達他又愛又恨的情緒？這是不是就是丹尼爾對她的感覺？是不是這種依賴感讓他感到很痛苦？是不是因為這樣讓他把輕輕撫摸轉變成不友善的動作？

對自己的小孩保持好奇心，不斷地問自己問題，可以幫助媽媽了解自己小孩的人格特質。注意到什麼最適合小孩，跟著他們的腳步，在你心中勾勒出一幅畫，每天在這幅畫上面慢慢構築，這些點點滴滴都會幫助你更加認識自己的小孩。在比較有組織的環境下看著自己的小孩，通常可以幫助你了解哪些狀況是他們可以面對，哪些又是他們比較無法處理的事務。同時，在這樣的環境下，父母看到小孩日益成長，通常都會感到相當窩心。有組織的環境不只可以幫助你了解自己的小孩，在你的協助之下，一歲寶寶也會漸漸融入這些環境，使他們最後不需要依靠父母都可以獨當一面。

▎以積極樂觀的態度迎接未來

　　本章一開始就提到，要了解一歲寶寶的心思是有可能的。掌握一歲寶寶所遇到的各種狀況（嘗試了解他們），不只可以滿足做家長的角色，也可以讓一歲寶寶知道，父母能夠體會並包容他們的情緒。這個過程需要創意和同理心，同時也充滿許多挑戰。有時候這項工作的要求讓人喘不過氣來，但如果自己能給自己情緒上的支持，情況就會大為改觀。當然，你的付出是不容低估的。父母的體諒可以讓寶寶覺得有人真正了解、認識他們，並且幫助他們表現出自己的個性。

　　從寶寶出生的那一刻起，親子間互相了解的過程和溝通的管道就已經展開。他們所倚賴的並不是語言（無論是英文或是西班牙文等），而是對他們敞開的心胸。父母需要用愛和關懷來安撫和包容寶寶的各種狀況和情緒。如此一來，寶寶的語言世界和想像力就可以一起發展。無論是自己或別人寶寶的成長過程都可以豐富人生。大概在同個階段，寶寶在生理和心理發展都正踏出人生的第一步，他們的自信心也在逐漸建立當中。

　　寶寶的探索能力和好奇心是很珍貴，並且蘊藏深遠意義。他們通常會先從自己的媽媽身上開始探索，然後再向外延伸到更寬廣的世界。那些能讓寶寶感到歡樂和有趣的遊戲可以更進一步擴展他們的視野，在遊戲過程中，他們可能會有各種情緒和焦慮。寶寶對容器的興趣（你會在遊戲時一再地發現），反映出他們

需要有人包容他們的各種情緒，使
他們有勇氣往更遠的地方探索。需
要想像力的遊戲則可以進一步拓展
他們的視野，幫助寶寶探索內心世

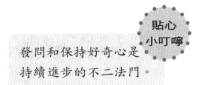

界，同時也可以幫助寶寶在現實生活中安全無虞地去探索。

　　當寶寶和家庭成員之間的關係變得越來越重要時，不同的家
庭成員可以在不同的情況，提供其他探索的新環境。這時，寶寶
也會在心中思索新點子。雖然他們可能會有戀母情結，但父母一
體的概念也似乎開始在寶寶的心中留下正面的印象。當寶寶開始
過家庭生活時，用餐就成了司空見慣的一部分。寶寶將開始嘗試
新的口味和材料，他們可能會覺得自己很渺小，凡事都得依賴別
人，這是因為他們從一出生就得依賴母親餵奶的關係。幼兒或許
需要某種程度的授權（早餐想吃哪一種喜瑞兒穀片）使他們自己
做些決定來平衡一下這種感覺。

　　當一歲寶寶開始做決定時，他們將會變得越來越有主見，
個性也將越來越鮮明。獨立自主是他們的首要之務。無論一歲寶
寶在家的排行為何，他在家庭的地位都會為家庭成員帶來深遠影
響，這種地位隨時都有改變的可能。家中有新生兒是一件大事，
而首當其衝受影響的就是幼兒。幼兒對新生兒會有自己的看法，
包括新生兒睡覺的地方都要管。尊重小孩的意見，容許家中有不
同的意見，意味著有時需要撇開自己的主觀意識。有時候，父母
斬釘截鐵地跟寶寶說「不可以」，是最好的處理方式，但寶寶可

能會有情緒。如果父母劃下清楚的界線並細心處理，或許比較容易安撫寶寶的情緒。父母的體諒和包容也可以降低寶寶因為發脾氣所帶來的恐懼。但他們對外發洩的憤怒和挫折仍可能會不斷地在一歲寶寶心中出現。他們需要發洩心中的恐懼和害怕，但父母也需要以客觀持平的態度發覺這些情緒的原因，這些情緒才會逐漸消失。

　　寶寶最大的恐懼就是媽媽不在身邊。雖然父母知道和寶寶短暫分開有它的好處，這並不代表父母不知道暫時讓寶寶離開身邊所帶來的痛苦。痛苦還是存在，因為他們對媽媽有深厚的感情。當緊密的親子關係受到否定和拒絕時，他們的情緒就會付出極大的代價。當父母察覺或是容忍寶寶心中的痛苦，寶寶比較可以表達和面對這些感覺。如果寶寶認為父母會幫助和包容他們，他們就比較容易面對各種分離的情景。要讓寶寶有這樣的觀念就需要信任，父母在幫助寶寶建立信任感所做的付出都是有益的。睡眠和如廁訓練都跟寶寶對父母日益增加的信賴感有關，但是每件事情都需要時間。

　　最後我們要談的是寶寶出門在外的世界以及參與不同團體所帶來的好處。學習分享及和朋友相處可以幫助一歲寶寶邁向更獨立的生活。寶寶每踏出一步都需要勇氣，而且可能都會伴隨一些

貼心小叮嚀

　一歲寶寶之所以很難和人分享玩具，不是因為玩具本身，而是他們不想和其他人分享摯愛的母親。

情緒，因為他們多少都會想起過去的一些事。但往前邁進是有正面意義並富探險價值。看著寶寶在有系統以及有組織的娛樂中心玩耍時，父母可以有更多機會了解自己的寶寶，幫助他們鼓起勇氣踏出每一步。

最後，本篇以許多父母心中對孩子的疑惑來作為結尾，因為這就是最接近真實的狀況。每個家長都會面臨一樣的情形，但總會覺得找不到充分的答案。當家長想努力去了解一歲寶寶時，卻會發現這項工作是永無止盡的。就像大人一樣，小孩的心思是別人無法可以完全測透的。但是藉由發問並保持好奇心是持續進步的不二法門。如果你能夠使用這個方式和寶寶互動，並了解自己不見得能夠回答所有的問題，但仍保有想發問的興趣，寶寶就會把興趣和好奇心當作是一種生活方式，小孩會在更寬廣的世界裡展開生活。這個世界對他們來說充滿許多未知。如果父母能夠忍受許多未知的東西繼續過生活的話，寶寶就會以一樣的態度生活，這對父母的求知慾一點都不會造成影響。

以後你也有無法陪在寶寶身邊的時候。隨著他們漸漸長大，他們不在父母身邊的時間自然也會越來越多，這是相當正面的發展。父母希望看到的是寶寶能帶著自信踏出這一步，並帶著希望迎向未來。這樣的態度正是父母從一開始就努力培養的。但這種獨立和寶寶不在身邊的獨立並不

貼心小叮嚀
學習分享及和朋友相處，可以幫助一歲寶寶邁向更獨立的生活。

一樣。它包含對能夠提供協助的長輩（感情和睦的夫妻）的依賴，他們會對寶寶的人格產生正面的影響。這些正面且值得信賴的長輩，最後會成為小孩內心世界的資源，時常在人生中引導和鼓勵他們。

　　一歲寶寶年紀還很小，他們未來將不斷在內心增加類似的資源，他們很需要依賴父母給予不間斷的安全感和肯定，讓他們對內心的這些積極正面的信念有信心。如果這種積極正面的觀念可以在內心紮根，未來這些觀念也將持續不斷給予他們情感上的滋養，鼓勵他們在人生中充分發揮潛能，最重要的精神就是以積極樂觀的態度迎接未來。

吳俊傑，戴羿萱攝影

—— 第三篇 ——

想獨立的小傢伙

2歲寶寶

文／麗莎・米勒（Lisa Miller）

【介紹】

作為父母，有時會忘了兩歲幼兒其實還很小，雖然他們從出生至今已經歷過許多的風風雨雨。回想剛出生的日子，無論是記憶中或是照片中的新生兒模樣都很難令人想到當初那個寶寶是多麼地脆弱無助，小寶寶每件事都得依靠別人的幫忙，父母不只需要餵飽他們，負責他們的安全，給他們溫暖，還要經常保持他們身體乾淨，用他們的思維思考，甚至體諒他們的感受。寶寶不知道自己要什麼，也不知道自己的感受。父母得詮釋、猜測，用推演、直覺和一些線索來了解他們。

當寶寶兩歲時，情況完全改觀，兩歲到三歲學步期的幼兒開始學習和發展照顧自己的各種能力。滿兩歲的學步期幼兒通常已經來去自如。他們可以主動找父母，跑去拿東西，有時又令人難以理解地以逃避的方式躲起來。學步期的幼兒能表達自己的意見和願望，有自己的主張，能夠充分和別人溝通，講話也越來越流利，所使用的語言結構也比過去複雜。而在學習自己上廁所、清潔的部分，每個幼兒的速度不盡相同。毫無疑問地，他們都是獨立的個體，具備完整發展的個性，有不同的喜好和渴望，也都漸漸學習獨立。

但這種獨立是有關連性的。身為父母，我們很容易就受到兩歲幼兒聰慧的表現所吸引。有些兩歲幼兒講話非常流利，有些則特別喜愛發問，有些特別愛玩，或喜歡和兄姊在一起。當然他們

成長和改變的速度都非常快，但事實上兩歲幼兒仍然很小。他們渴望獨立的願望有時比我們還強烈。有位父親就很驕傲地描述他兩歲兒子勞勃是多麼地足智多謀。他會打開冰箱，找到果汁，放進吸管，還會拿起司，打開包裝紙，坐下來吃起司、喝飲料。的確，這樣的表現令人驚豔。兩歲兒熟練的技巧等於告訴別人他不需要別人的幫忙，可以自己吃東西。可是我們都知道，勞勃其實還是得依賴別人把東西放在冰箱裡。

　　人類有段相當長的時間需要依賴別人。兩歲幼兒能獨立存活是不太可能的。就像勞勃還是得依賴父親買起司和果汁一樣，他的心理也還沒完全獨立。兩歲幼兒仍需大量的關愛和照顧。父母一想到寶寶剛出生時脆弱的模樣已經不復存在，既鬆一口氣又有點感傷。但是別忘了，這個世界對兩歲幼兒來講仍是充滿神秘；包括實際生活中的場景，如廚房、馬路、公園、花園、托兒所和家裡。世界上還有形形色色的人，他們都是獨立不同的個體，有自己的好惡，也不會聽學步期幼兒的使喚。學步期幼兒的內心世界對他或她來說也是相當神秘的，包括思考、情緒、希望、恐懼和渴望。

　　在這生命中的第三年，兩歲兒仍有許多要去探索的部分。他們成長速度很快，學習能力也令人嘆為觀止。但兩歲兒無論在身體或心理各方面，大部分的時間仍然需要大人的陪伴，需要保護、指點、細心照顧和刺激啟發。

　　然而，兩歲兒不只對身邊的每件事有興趣，而且是非常有興

趣。一般人對自己寶寶的這些興趣都能接受，這本小書所敘述的也希望能與此吻合。針對兩歲幼兒這些都是可以歸納討論的，因為他們都處在同個階段。但每一個兩歲幼兒都是獨一無二的，千萬別忘了他們各有不同的成長速度。就算小孩已經四歲了，當父母回想過去時還是感觸良多，有個母親回想起兒子一直到兩歲半才會開口說話，當時她是多麼地憂心，直到現在也還記得那時操心的心情。她的鄰居則因為兒子每次看到如廁訓練的幼兒小便桶就尖叫而煩惱，她的姊姊則因為雙胞胎女兒似乎發展較慢又害怕走路而擔憂。現在，這幾個寶寶都快滿三歲了，每一個都是既能走路、話說得很好，又會自己上廁所。

兩歲幼兒是介於寶寶和小孩階段的交界點。他們很想融入外在的世界和他們年紀大的人在一起，內心充滿遠大的志向，同時有成熟的理解能力和成就。但這種成就是相當脆弱的。聰明的小男生或小女生很容易就情緒崩潰，父母因此再度看到眼前的幼兒仍舊只是一個寶寶，他們需要像嬰兒時期一樣多的關懷。

第一章

做自己的小主人

兩歲兒開始要發展獨立的能力，

什麼都想自己來，也開始學習思考，比如，

電話筒裡為什麼會出現爸爸的聲音，爸爸住在電話裡嗎？

當兩歲兒想開門卻開不了時，親愛的爸媽適時地伸出援手幫忙，

他卻不領情，因為他想證明自己「做得到」。

此階段幼兒最喜歡說：「不要！」

我行我素，到處惹麻煩，有人形容為可怕的兩歲兒。

但別擔心，此章除了讓父母了解兩歲兒的行為模式和心理狀態之外，

當然還提供一些方法，讓父母有所參考。

我們天生就有很多特質，那是在母親受孕時就已經形成，也就是基因遺傳，但是後天品格的發展也同樣重要。先天基因遺傳和後天

的發展是互相影響的。人們花很多時間想要了解遺傳比較重要還是成長的過程比較重要。當然這其中還有其他因素，不只是「先天」或「後天」而已，還包括這兩者之間複雜的關係，它們會造就成年後的人格。毫無疑問地，每個人都是獨一無二的，有特別的天賦和潛力。但天賦所展現的方向和潛力發揮的程度都深受環境的影響。橡實絕不可能長成鬱金香，但它能否長成百年的橡樹，不只和基因有關，還跟它成長的土壤以及之後的發展有關。

兩歲幼兒很明顯地正顯現出自己是獨特的個體，也就是「那是我，是我做這件事」。正是兩歲這個年齡，幼兒開始使用「我」和「是我」這兩個概念；而且這兩個概念對他們的意義比光是具體地使用這幾個字來得重要。學步兒正在探索他們的私密世界，開始邁向成人的漫長路途，帶著自己是個獨立的個體，有自己權力的認知。

開始思考為什麼？

對兩歲幼兒來說，周遭的世界是最有趣最刺激的。一歲看

到是笑笑就讓它過去的事情，到了兩歲他們會開始去想，感到困惑。一歲的寶寶在心智方面主要是依附在照顧者身上。如果給寶寶電話，他們只會把電話放在嘴邊模仿大人的樣子，也會把耳朵緊緊貼在聽筒上，無論是哪種方式，他們只想讓大人知道他們也會使用電話。但其實他還不知道打電話到底是怎麼一回事。這只是其中的一個例子。

到了兩歲，打電話對他們來說可就不一樣了。對大人來說，世上很多事情都是理所當然的。有些事情，像是電話的發明，不只是人類幾千年努力的結果，也是幼兒無法理解的發明。爸爸怎麼會出現在電話裡呢？從學步兒的觀點來看，爸爸不是在這裡，就是沒有在這裡。就算「沒有在這裡」也是很難理解的概念。在別地方的意思是什麼呢？當然，如果幼兒心中可以有聯想圖案的話或許會比較容易，例如：「爸爸在奶奶家」、「爸爸在車庫」，或「爸爸在機場」。但是「爸爸在奶奶家，他從那裡打電話給我們」，那到底是什麼意思？

露西的小兒子納德就經常會遇到這個問題，他的爸爸因為工作的關係經常需要到其他城鎮去，所以常打電話回家。露西因此有很多機會可以觀察納德用不同的方式來接這些電話。納德一開始認出電話那端的聲音雖然有些不同，但是當他確認那的確是爸爸時，他會非常高興卻又有點困惑。接著他有了不同階段的進步，有時他不只會感到困惑，還會有點緊張。他會拒絕接電話，好像那裡面有令人害怕的魔法一樣，爸爸躲進那個小黑盒了嗎？

納德只知道爸爸不在家，但還是存在的，他可能以為爸爸在奶奶家，因為那是他們都熟悉的地方。但是「在倫敦」？倫敦是什麼？如果你在倫敦，為什麼聲音會出現在電話中呢？納德漸漸進步到能夠聽出爸爸的聲音，有時很高興聽到他的聲音，有時則有點鬧脾氣，好像在跟爸爸說他不希望爸爸不在家。納德快到三歲時開始和電話中的爸爸對話，而不需要有別人在旁提示。之前這段期間就是為了讓他了解，他可以和爸爸講電話，就好像爸爸在家時，他可以和他說話一樣。

或許讀者會覺得作者我在這個部分太小題大作了，但我只是想要說明，小孩要學習適應大人每天的實際生活，對他們來說，有多麼複雜。他們有太多東西需要學習，而每次學會認識且熟練某樣東西以後，他們也會跟著變得成熟一些。納德其實可以選擇不要相信電話的驚奇功能，或是慢慢學會電話的功能和操作方式，同時相信自己也具備某種能力，而不是魔力，是實際和真正的力量。

「我做得到」

學步兒正在學習他們做得到和做不到的事。這是個處於兩個極端的年紀。沒有任何事會比心情不好的幼兒更悲慘，也沒有比他們心情好時更令人高興。他們面對人生的方式就是採取極端的

立場，最後當然是完全不平衡的結
果，就好像他們對自己的腿不太信
任一樣，或至少他們不知道，如果
自己不小心，沒有看清楚就盡全力
快跑的話，一定會跌得鼻青臉腫，

> **貼心小叮嚀**
>
> 兩至三歲這段期間，他們正在學習嘗試「做得到」和「做不到」的事。

他們對自己的感覺和反應都是不可靠的。事實上，他們仍相當幼
稚，甚至就像小嬰兒一樣。有時候，我們會發現自己因為這個原
因而斥責他們。

　　當他們無法處理一些事情時，常常就會崩潰。當莎拉打不開
門時，她會趴在地上大哭。當爸爸為她開門時，情況並沒有立刻
好轉，因為她就是想要自己開門。她受不了被拒於門外，也受不
了父親居然可以做到她做不到的事。她覺得自己很渺小、悲慘，
又受到屈辱。在其他場合中，她則有截然不同的感受，有高興的
感覺。舉例來說，當爸爸替她牽腳踏車讓她騎上去，然後跑起來
時，她開心地覺得自己像公主一樣。爸爸則顯得有點疲憊，心中
不禁會想：「這莎拉就是會讓人感覺超累的！」

　　莎拉有時可能非常霸道，有時似乎想強加自己的願望在每個
人和每件事上面。這種心態在滿三歲前是不會改變的，而父母會
在小孩兩歲時就看得到。為什麼小孩會如此霸道？這是很重要又
值得深思的問題，記得，或許那是因為他們覺得自己既渺小又脆
弱，因此得防衛自己。

　　學步兒對世界有極端的看法。部分和他的年齡和成長階段

有關。學步兒的身形仍然很嬌小。我們只要想想大人幾乎是幼兒身高的三倍，就可以想像我們對他們來說簡直就像巨人一樣。可想像若我們面對身高比平均成人高兩倍的人，應該超過三公尺高了，看起來簡直跟樹木一樣的那種感覺。我們對他們而言，一定是看起來好像有很驚人的力量，充滿知識和驚喜。

在另外一方面，父母比小孩年紀大、體積大、強壯又有經驗，是令人欣喜的好事，因為有時候我們會發現小孩很喜歡受人照顧，也很感謝有人幫助他們解決問題，因此會大方地擁抱、親吻和撒嬌。莎拉是相當能幹又活潑的小孩，但是經常處於緊張的狀態，因此很容易崩潰。就好像她白天到托兒所去一樣，她需要更加努力，加快速度，避免不確定感或自己渺小的感覺。當她回家以後，心情總是很不好，命令父親做東做西，拒絕吃飯，最後大發脾氣。她父親每天接她下課帶她回家，發現她筋疲力盡，因為莎拉一直想將一切搞定，假裝自己很大了。她對於長大的認識是根據小孩對於所謂巨大和全能的人的認識。

非常幸運的是，她的父親並不是巨人，而是很平凡的成年人，比莎拉大很多，可以幫助她，知道她需要的是放鬆又舒服的方式。她不需要刺激和分心。她需要的是安靜的時間和完全的被注意。否則事情可能會變糟，因此要她乖乖地喝茶、洗澡和睡

貼心
小叮嚀

小孩為什麼如此霸道？或許是因為他們覺得自己既渺小又脆弱，因此得防衛自己。

覺就不可能了。因為在這種情況之下，她最喜歡說的話就是「不要」，這個詞彙讓她說話的語氣充滿了熱情和決心。

「不要」

兩歲幼兒開始注意到「不要」這兩個字的威力。在某方面這是好的，因為我們不希望小孩在長大以後無法表達自己的立場，或是無法拒絕任何不好的事物。問題是，學步兒正處於成長的起跑點，通常他們還搞不清楚什麼事情對他們有益，只是越來越注意到自己可以有一些權力。當他們還是小嬰兒時，可以表達自己的好惡，有些能力拒絕去做他們不想做的事。但隨著對自己的認識日益增加，學步幼兒開始發現並感受到自己能夠說：「不要。」一開始，兩歲幼兒就好像管理大型的粗糙機器人員一樣，缺乏精緻面。

如果有些東西看起來很醜，他們會用盡全力去拒絕，不管之前是否欣然接受。但是，不管怎麼樣，有些時候他們仍需要人家細心呵護對待，那樣的對待是他們自己對自己，到目前為止仍無法做到的。而父母幾乎是受不了誘惑地，主動掉進

貼心小叮嚀 光是對學步兒說「不」是不夠的，熱鍋、火、火柴、熨斗之類的東西，必須放在他們拿不到的地方。

學步兒的特有模式，並且捲入和他們的戰爭。這是場面對面的戰爭，因為父母比較大，總有辦法可以獲得最後勝利，但之後卻發現很多問題其實並沒有獲得解決。

當然有時候不可能做太多事，唯一的辦法就是掌控全局。黛比有次帶她最小的兒子艾力克斯到辦公室來，他玩得很高興，但最後卻太過興奮，在辦公桌之間跑來跑去，讓人得隨時盯著他的一舉一動，不禁為他捏一把冷汗。當黛比工作告一段落要回家時，她抓住艾力克斯，他馬上大叫。黛比盡量不予理會，只說：「艾力克斯別這樣！」她跟同事說再見，強行抱著艾力克斯離去。在艾力克斯的抗議聲中，黛比隱約聽到男同事以佩服的語氣大聲說：「黛比，妳教小孩可真鐵面無私啊！」艾力克斯一路沿著樓梯大吵大鬧，黛比以充滿憐憫的口氣對他說話，幫他繫好安全帶，車子一發動，她發現艾力克斯把大拇指放在嘴裡點頭睡著了。隔天，黛比沒有帶艾力克斯進辦公室，昨天那位同事跟她說：「看得出來你們昨天打成平手了。」黛比對他微笑，這位同事似乎以為他們母子倆昨天交手結果是不分高下。

或許這就是我們需要思考的重點。當父母對付學步兒時，就像黛比對付艾力克斯一樣，掌控全局和我們心中知道自己「輸掉」或「要壓制」，也就是變得非常生氣和被攪

> **貼心小叮嚀**
>
> 當兩歲兒對你說「不要」時，父母應該感到開心，因為孩子有自己的主張和想法了。

擾，以致無法控制全局，有很大的差別。很多父母常會有罪惡感或後悔，因為他們知道自己抓狂了，做得有點過分。學步兒鮮明的個性常會惹惱父母

小孩要學習的困難功課就是，如何適當地使用「不要」這兩個字。

貼心
小叮嚀

，引發父母心中同樣原始部分的個性。要駕馭當下的情緒，對自己說「不要發脾氣」，而且記得自己是大人可能會嚇著小孩，是很天人交戰的。

　　小孩要學習的困難功課就是，「不要」是很好用又很重要的字。至少，對他們來說，當他們說不要的時候，效果是相當好的；但是當別人跟他們說不的時候，感覺卻糟到不行。或許我們可以感同身受。可是很重要的是，我們也得知道，什麼時候應該、而且需要對自己說「不」。很多這類的例子都很瑣碎但會日積月累，有時候大人會以相當和善的方式說「不」，這麼做是對的。在這個階段，對兩歲幼兒來說，世界充滿了大大小小的危險。因此在說「不」的同時，也需要以行動和謹慎的態度做後盾。光是對學步兒說「不」是不夠的，熱鍋、火、火柴、熨斗之類的東西，必須放在小孩拿不到的地方收好。我們還得跟他們解釋。有時候小孩看起來很聰明都聽得懂，因此誤以為跟他們口頭解釋就夠。但千萬別上當了。黛比回家時發現保母很驚慌，艾力克斯則有點不好意思，又有點驕傲地像媽媽展示包著OK繃的手，因為他剛剛去摸了熨斗。

到處惹麻煩

　　就像艾力克斯一樣，兩歲幼兒的自制能力是不能夠相信的。他們的駕馭能力以及從過去經驗中的學習能力都還不是很穩定。大部分的

> 大部分的人有意識和有連續性的記憶大多是從四歲開始。

父母深知這一點，就像小孩的感覺會擺盪在兩個極端一樣。他們的衝動也同樣很不穩定，很可能前一秒和後一秒的行為因而截然不同。「喔！我的老天！妳一定是用剪刀剪破的？」一位驚嚇的母親喘息著說，因為她的蘇菲在窗簾剪了個大洞。

　　這些只是實際情況的一小部分。兩歲幼兒不只要了解外在世界，也要了解自己的內心世界。兩歲幼兒就跟蘇菲一樣，沒有辦法事先規畫，思考行為的後果，或是事情的原因。要具備這些能力，需要時間養成，從過去經驗得到結果、學習，以及面對未來的能力。

　　小寶寶對時間沒有什麼概念，父母常因此落入這個陷阱，讓一個星期變成好像一個年代一樣。兩歲幼兒通常會擁有美好的回憶，但這些回憶並不值得信賴，也不是隨時就能擁有的。大部分的人有意識和有連續性的記憶大多是從四歲開始。在那之前或許已會有些片面、斷續閃過的記憶，但那是不同的。父母可以為小孩做的就是給予輔助性的幫助，為他們保存人生連續性的記憶。父母可以不加思索就提醒他們，在什麼時間，像這樣的事情曾經

發生；我們教導他們衡量時間的方法，就像跟他們說：當「哥哥姊姊放學後」、「你上托兒所以後」或是「在早上做某件事」。

　　兩歲幼兒需要大人協助釐清存在的次序和意義，以避免混淆。他們也需要過著可以預測的生活，規律是他們的好朋友。但當然不是漫不經心、沒有意義的規律，而是在這個教人不知所措的世界裡，規律的生活作息可以帶來安全感。莎拉經常處在心情低落的狀態，有時候她反而喜歡放學後晚上在家規律的作息。雖然白天她就讀於設備完善的托兒所，但是她卻遇到很多挑戰。每到喝下午茶的時間，她就堅持要做相同的事情，吃東西時要聽故事，或之後和爸爸玩點遊戲，或在爸爸煮東西等媽媽回家時看些輕鬆的錄影帶。媽媽會跟她在一起，跟她聊天，幫她洗澡。洗澡後睡覺的模式都是一樣的，因為莎拉堅持這麼做。她可以從這些規律的模式獲得很大的安撫：放鬆自己，也可以獲得爸爸媽媽親密又濃濃的關愛。但這並不代表每件事都像時鐘一樣規律。莎拉還是有自己的個性，需要父母了解她有很多面向。她可以很甜美、值得信賴、順從，也可以愛吵架、生氣又固執。但這都和莎拉最喜歡，同時也是父母努力希望提供的穩定夜晚生活格格不入。

> **貼心小叮嚀**
>
> 　　兩歲小孩沒有時間概念，父母教他們衡量時間的方法可以這麼說：當「哥哥姊姊放學後」、「你上托兒所以後」或是「在早上做某件事」。

父母扮演安定的力量

　　兩歲幼兒的心中因為充滿矛盾和衝動而波濤洶湧，需要父母提供安定的力量。如果家中正處於不穩定階段，會對學步兒留下不可抹滅的影響。不斷成長的學步兒變化得也很快。他們通常對家中的變化也會有相當強烈的反應。有時候要釐清事情發生的經過還真是困難。

　　父母總是會擔心小孩，這是與生俱來的，但是他們可能不知道跟家裡相關的一些事情對小孩的影響相當大，某種程度是因為兩歲幼兒不曉得發生什麼事。醫師、衛生所人員以及其他專家常會遇到一些父母擔憂小孩突然開始不吃東西、半夜起床，或是出現可憐兮兮、焦慮又難以處理的行為。專家常有的經驗是，只要問到底家裡發生什麼事，往往就會發現，風暴就在眼前，例如搬家、新生兒的出現、離婚或家人過世等等因素。兩歲幼兒對失序和不穩定的情況有些反應。當父母找出造成小孩困擾的原因之後，通常會大大鬆一口氣，但這同時也提醒父母，學步兒不過兩歲大，還不能完全理解、明白正在發生的事，他們只會反應。

貼心小叮嚀

　　當孩子出現不穩定或脫序行為時，專家只要問：「家中到底發生了什麼事？」通常就找到原因了。

呂宜卉，黃玉敏攝影

呂宜卉，黃玉敏攝影

呂宜卉，黃玉敏攝影

第二章

學習照顧自己

學習照顧自己對兩歲兒來說只是個開始，

但其實這個過程之前早已經開始，

舉凡自己吃東西、獨自睡覺、自己上廁所等等都是。

兩歲兒已經可以自己拿麵包、用自己的杯子喝水，甚至拿湯匙，

只不過父母要有心理準備，當孩子剛要學習自己吃飯時，

食物噴灑一桌和一地是正常的現象。耐心等待，總會過去的。

什麼時候讓孩子自己獨睡，是一大難題；

而孩子會欣然接受嗎？更是一大考驗；

如廁訓練也一樣，在在考驗著父母的智慧和耐性。

聽聽別人的故事，學學他們的方法，也許會好一點。

學習照顧自己對兩歲幼兒來說只是個開始，但其實這個過程之前早已經開始。父母最在意的莫過於和寶寶出生以後就息息相關的重要基本需求，他們必須喝奶、睡覺、保持乾淨、洗澡、換衣服。這些需求在一生當中必須獲得滿足，而且也都跟兩歲幼兒漸漸學習照顧自己的方式有關。

自己吃東西

　　餵食新生兒是大人主要的工作。但是寶寶兩歲時已經進步到可以自己拿麵包、用自己的杯子喝水，甚至拿湯匙。這對學步兒和爸爸媽媽有什麼意義呢？

　　飲食充滿各種意義，人要吃東西才能存活。媽媽最高興的莫過於看到寶寶或是學步兒胃口好。如果小孩胃口好，喜歡吃東西就等於肯定媽媽，表示她準備的東西好吃，不需要擔心，再度保證了媽媽善盡其職。此外父母總是認為飲食（吃進東西）就代表吸收食物的營養，就像我們會提到對資訊或知識求知若渴一樣，父母會發現餵奶不只使寶寶吸收牛奶而已，還吸收了注意力和關愛，還包括和餵奶這個人之間的互動。最後寶寶會自己抓住湯匙吃東西，他會知道是誰餵

貼心
小叮嚀

　　寶寶兩歲時已經可以自己拿麵包、用自己的杯子喝水，甚至拿湯匙。

他。兩歲幼兒如今已準備好自己進食了。

　　到目前為止，兩歲幼兒的身心彼此間仍有段落差。他們對食物的態度呈現出各式各樣的複雜情緒。如果家中寶寶從嬰兒時期到幼兒時

期食慾都很好的話，這對父母親來說是很幸運的事。因為通常寶寶胃口不佳是很多父母憂慮及困難所在。身為父母都希望小孩快樂地吃飯，偏偏常常事與願違，有些幼兒很明顯地對精心準備以及對他們成長所需要的佳餚一點都不感興趣。

　　尤其是媽媽，看到小孩沒有食慾通常會特別敏感。如果家中有大小孩三餐食慾正常的話，或許對一個吃飯就像吃毒藥似的兩歲幼兒會比較積極樂觀一點。但是，很多媽媽還是覺得很受傷，小孩是不是不信任我？或是不喜歡我？甚至會感到焦慮，小孩不會餓死吧？接著是憤怒。不管怎麼樣，這些情緒都不是媽媽想要有的。

　　這些情況都顯示兩歲幼兒對照顧者的要求有多麼嚴苛，就算只是簡單的一頓飯，也會演變成情緒的戰場。部分原因是幼兒很需要父母了解他們的感受，但他們也需要父母保持大人的立場。吃飯這件事對父母來說有相當深遠和極具重要的意義。有時父母得堅守立場，保持敏銳度，告訴自己，寶寶一兩餐沒吃，其實不會餓死或是營養不良，同時也得知道每個小孩有不同的好惡，綠

色花椰菜對某個小朋友來說就像毒藥般，對另外一個小朋友卻又是人間美味。

凱特有天帶兩歲兒子山姆和剛認識的朋友娜拉及她的三個兒子吃中飯。凱特本來有點抗拒，她知道娜拉的小孩對任何食物幾乎是來者不拒，但山姆相當挑食，因此心有顧慮。娜拉會為山姆準備什麼東西呢？他既不吃蕃茄也不吃豌豆、豆莢、高麗菜等。這個黑名單真是又臭又長。幸好娜拉準備的剛好是山姆可以接受的食譜。她跟凱特說：「妳是怎麼讓山姆願意吃綠色花椰菜的？真的是太讚了!」

有時候我們會對幼兒的想像力有自己的看法，因而對他們的行為有強烈的主觀意識。一年後，山姆快滿三歲時仍然很挑嘴，食慾也還不是很好。奶奶為他準備香腸當午餐，她切一小塊給山姆，但他卻很猶豫，問奶奶：「這塊香腸真的想被我吃掉嗎？」凱特後來想想幸好是奶奶遇到這個問題，她用很肯定的語氣回答：「當然，這就是香腸的工作。」聽到這樣的回答，山姆就把它吃下肚。如果是凱特的話，她一定會受到山姆的影響，和山姆感同身受，用比較模擬兩可的答案。確實，山姆偶爾會看著食物，好像很替它們擔心，甚至有點怕它們。

這是因為幼兒的世界和大人截然不同。舉例來說，我們認為有生命和無生命的東西是不同的。香腸當然不會像人一樣有感覺、思想和願望，但是兩歲幼兒不懂這一點。所有活動（不只是吃飯而已）所發生的世界，和大人的世界是完全不一樣的。常常

我們會驚鴻一瞥幼兒看待事情的角度，這樣的經驗將使我們更懂得體諒。

獨自睡覺

父母遇到另一個嚴重挑戰耐心的部分就是睡眠習慣，就像食慾不佳一樣，睡眠不好也會帶給家長一些情緒上的困擾，尤其是焦慮和憤怒。

睡眠不好有很多種形式，有的小孩不願在自己的床上睡覺，卻可能在沙發上睡著，然後再被抱到自己的床上睡覺；有的堅持要父或母陪他入睡；也有的每兩分鐘就吵著要找爸爸或媽媽；有的小孩不斷地從樓上寢室走下來；有的夜裡每幾個小時就醒過來一次；其他可能還有各式各樣的情況，但大致上都圍繞著同樣的問題。睡眠不佳的共同點是什麼呢？或許潛在的問題是小孩得和父母分離，或是他們發現自己和父母原來是獨立不同的個體。

如果獨自在嬰兒床或是床鋪等著入睡的話，就會面臨自己一人面對孤單或是寂寞的風險，這是成長為獨立個體過程中所需付出的代價，我們必須發展獨處的能力。或者，假如在半夜驚醒時，他們不只會感到孤單，還可能會猜爸爸媽

貼心小叮嚀

獨自入睡、面對孤單，是發展獨處能力的第一步。

媽不知現在在哪裡？他們離家了嗎？
或許他們正在一起做某件事，我卻被
漏掉了？或許所有小孩都會在夜裡驚
醒，但是差別在於他們醒來時是否會
因為父母在樓下或隔壁房間而感到安

> 貼心
> 小叮嚀
>
> 有時候，睡眠不好的原因來自父母而不是小孩。

心？或是孤單、害怕、恐懼和胡思亂想佔據了他們，使他們無法
面對孤單。

　　通常上述的情況很少發生（例如因為做惡夢驚醒）。但的確
有些小孩幾乎無法忍受任何一點孤單或是焦慮。當然，如果他們
從來沒有單獨入睡過，就沒有孤單的經驗，自然無法去處理這些
感覺。

　　法蘭西絲從小就跟父母一起睡。雖然她的爸媽曾經試過要讓
她在嬰兒床裡睡覺，但是她一直很抗拒。當她兩歲時，她的爸媽
實在無法忍受沒有自己時間、空間和隱私。可是每次一跟法蘭西
絲提到她的房間（裝潢得很漂亮，也很舒適）是睡覺的地方，她
就會陷入恐慌，父母迫不得已，只好讓步。但他們漸漸地發現這
是需要注意和討論的問題，而不是不費吹灰之力，自然而然就可
以輕易解決的。

　　他們嚴肅地一起討論這件事情時，得到了兩個結論。第一，
他們不只沒有自己的生活空間，同樣地，法蘭西絲也是。她自己
也感受到了。第二，他們開始發現晚上這種情況，也會影響到白
天法蘭西絲的情緒，她很難和父母說再見。他們慢慢得出這兩個

結論時，法蘭西絲已經變得像小暴君一樣，這樣對她有好處嗎？

當他們統一陣線跟法蘭西絲說她得開始學著在自己的床睡覺時，她非常生氣。但是她的父母都認為法蘭西絲應該了解現在是她該在自己房間獨自睡覺的時候了。他們看到法蘭西絲的憤怒時都很驚訝，也擔心自己會控制不了而發脾氣。

兩歲幼兒常會讓父母的脾氣一下子就衝上來。法蘭西絲的父母可以在情緒失控時互相提醒對方，壓抑怒氣和心中的無助感，同時仍保持堅定的立場。後來沒多久，法蘭西絲也了解自己已經長大，是個大女孩，是該回到自己房間獨自睡覺的時候了。

有時候，睡眠不好的原因來自父母而不是小孩。有兩個人一起觀看有關小孩睡眠不好的電視節目。影片中的家庭，有爸爸、媽媽和名字叫彼得的小男生。他們自願遵從治療師的療程來處理彼得不願意在自己床上睡覺的問題。治療師要媽媽在彼得每次醒來離開房間後，再把他抱回去，讓他回到自己的床睡覺。攝影機拍攝整個家庭的互動和過程。這相當痛苦又冗長，但最後彼得終於在自己的房間睡覺。一位觀看節目進行至此的人對其他人說：「我好奇現在這對夫妻有了多出來的時間，他們是如何和對方相處的？」幾乎是馬上，影片的旁白就說：「令人難過的是，在完成這部影片以後，珊卓和吉米的婚姻觸礁，他們分居了。」顯然地，觀眾的直覺是對的。彼得的存在和夫妻之前因他所產生的不愉快，反而在問題解決後，讓彼此的衝突浮上檯面。

自己上廁所

　　如廁訓練，是另一個讓父母擔心，而且容易在家中起衝突的典型問題。有時候人們說：「現在有尿布那麼方便，何必擔心如廁訓練的問題？小孩準備好的時候，自然就會上廁所了。」唉，雖然有些小孩會自動自發「訓練自己」，但是並不代表所有的小孩都是這樣。這不禁讓人認為以前一些如廁訓練所衍生出來的問題，都是因為太早或太過嚴厲地如廁訓練或處罰小孩。很遺憾的是，事實並非如此。訓練小孩上廁所並沒有一個自然而然又簡單的方式。

　　毫無疑問地，在這方面，有些小孩就是比其他小孩學得快。湯瑪士才剛滿兩歲，是老么。他的爸爸跟媽媽說：「是不是應該訓練他上廁所了？」他的媽媽既要上班又要料裡家事，聽到這句話甚感壓力，忍不住惱怒地大吼：「既然你覺得那麼重要，那你自己去訓練他呀！」他的爸爸很不屑地說：「沒問題，我就來訓練他。」湯瑪士的爸爸認真地跟他解說，他不能再一直穿尿布了，他要學著坐在尿桶上，或是像其他大朋友一樣到廁所去。他下定決心要在週末把湯瑪士教會。湯瑪士不是很會講話，但是看起來很認真，也有點嚴肅，大家都認為他們可能會失敗，沒想到他們成功了！湯瑪士的媽媽喜出望外，湯瑪士就像剛學會下水的鴨

貼心小叮嚀
與孩子對決時，應該要態度溫和而立場堅定。

子，在週末過後和保母在一起時，也繼續自己上廁所。甚至更進一步，沒多久，他晚上的尿布都沒有尿濕，後來就不需要再包尿布了。

當然他們算是很幸運的。斯文的湯瑪士有著雄心壯志。剛開始媽媽有點不高興，但是她和爸爸之間還是有很好的關係。雖然爸爸的方式可能有點奇怪，但他是採取慈愛卻又堅定的立場。

但是，很多人可能就不認為自己有這麼幸運了。家中可能因此衝突不斷。幼兒通常會在十八個月開始對垃圾（你丟掉的東西）和保留下來的有用東西產生興趣。麻煩的是，當父母開始對兩歲幼兒做如廁訓練時，會特別遇到兩個問題：第一個就是幼兒很固執，他們認為大小便是很特別又珍貴的東西，因此不想丟掉。這是因為寶寶缺乏判斷力，既不覺得噁心，也不會有任何排斥。學步期的幼兒正在培養分辨能力，但是有時候對他們來說是有點勉強的。第二個問題是，兩歲幼兒的一大特徵就是不情願。兩歲幼兒才剛發現他們可以發揮影響力，可以拒絕和不同意。如果他們不願意做某件事情，誰都勸不動他們。

所有這些問題都會引發戰爭。父母有時候會很驚訝發現自己無法要小孩立刻去做某件事。要他們吃飯、睡覺、使用尿桶的

> **貼心小叮嚀**
>
> 學步期的幼兒正在培養分辨能力，經常誤判是情有可原的，例如認為大便是特別又珍貴的東西，不應該被馬桶水沖走，因此不願在馬桶上嗯嗯。

命令成效都很有限，特別是如果之前才剛脅迫過他們就更沒用。
從另一角度來看，小孩也想取悅父母，想要有一個可以讓爸比和
媽咪很快樂的可愛面容。一方面小孩子會有股衝動，希望他們快
快長大，希望能夠嘗試新東西，成就心中令人讚賞的志向。但是
相對地，孩子也有一些負面的感受，「我不想！」「我不要！」
和強烈的「拒絕」感受，都會吞噬掉任何一個兩歲小孩。如廁訓
練也會造成焦慮。就像小孩對食物會有幻想或是對黑暗有想像力
一樣，他們也能夠，同時經常以自認為有意義的各種方式鍛鍊自
己的身體。有些小孩根本不認為大便是垃圾或無用的東西，他們
會想：大便和身體的其他部分有什麼不一樣？他們真的要把大便
排出來嗎？更糟糕的是，要把大便沖到可怕的馬桶裡嗎？父母可
以觀察小孩喜歡玩類似大便的物質（泥狀的派、潮濕的沙和厚重
的顏料）期間有多長。就好像要讓他們捨棄大便是很讚很棒的觀
念，恐怕也需要好長一段時間了。

有時像大小孩，有時又像baby

　　所有上述這些問題（吃東西、睡眠、如廁訓練）的共通點
是什麼？它們都會為兩歲兒的生活帶來潛在的焦慮。或許是因為
它們都跟這個階段成長的重點息息相關，此時他們必須面臨分離
和失落的相關問題，才能邁向獨立，有屬於自我的定位。能夠自

己吃東西，獨自面對黑暗，自己上廁所，所有這些都是成長的重點。他們必須向依賴的嬰兒時期道別。在那個階段，有人餵食、哄著入睡、幫忙換尿布，現在他們得進入學齡前的階段，慢慢進入大小孩的世界了。

兩歲幼兒沒有辦法想到這麼多。但是他們會感覺自己處於巨大變動的階段。改變總是帶來波動，兩歲幼兒正處於波濤洶湧的階段，內心因為一會兒進步一會兒退步而掙扎不已。他們一下子退化到嬰兒時期，一會兒又往前邁向幼兒階段。

父母常常不知道要怎麼幫助俗稱「可怕的兩歲兒」（the terrible twos）。雖然並不是所有的兩歲幼兒都那麼可怕，但之所以會有這樣的名詞出現，或許是因為我們直覺知道，對小孩而言，這會是個困難時期。我們可以提供大人的角度，如果情況順利的話，就可以克服這些困難，小孩也會很快長大。基於這一點和其他合理又感性的提醒，我們不可能奇蹟似地使一切順利。但是父母可以在小孩「心情不好」的時候陪在他們身邊，不斷地給予支持，使一心想獨立的小孩有一天能夠達到目標。這並不是要否定兩歲幼兒，或是認為照顧兩歲幼兒是件苦差事。親子間的緊密關係，

貼心小叮嚀

兩歲是一個艱困的時期，俗稱「可怕的兩歲兒」，一下前進到幼兒階段，一下退化到嬰兒期。父母能做的是，以更大的愛包容，以及在他們「心情不好」時支持陪伴。

包括父母替孩子感受和與孩子一起去感受，有時還必須努力把「自己的思路」以及「對學步兒的同理心」區隔開來。

　　崔西有兩個女兒。老大很容易就戒掉奶瓶，大概在十四個月大時就完全不需使用。但潔西卡就不一樣了。她在兩歲時仍要求用奶瓶喝奶。如果崔西在她不想用杯子的時候給她杯子的話，她會大吼，不喝奶跑掉，把頭埋在沙發裡，屁股朝天，兩腳用力地踢。崔西和她的另一半馬克並不想屈服在潔西卡的威脅之下──亦即如果她不能用奶瓶喝奶，她就不會喝，而且彷彿是世界末日一樣。崔西下定決心，一定要堅持下去。直到潔西卡滿三歲的前兩個禮拜，她喝得比平常少。雖然崔西還是有點擔心，但她努力保持鎮靜，跟潔西卡說她一定可以學會使用杯子。最後，大家鬆了一口氣，潔西卡終於發現她不需要依賴奶瓶了。這是關鍵的一步，對潔西卡而言更是。或許是潔西卡終於接受媽媽的堅定但並非粗暴的建議。或許母親這樣的方式，也將成為潔西卡個性的一部分，並且內化成為一種與人互動時的關係模式。

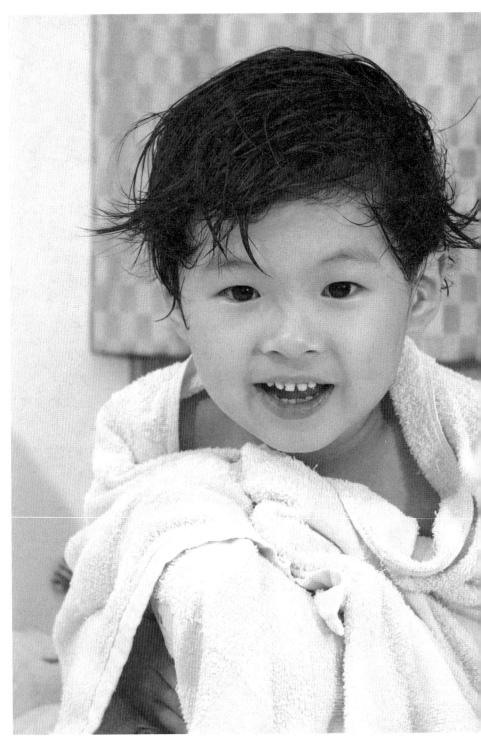

林淵，林柏偉攝影

第三章

建立自己的人際王國

本章是探討兩歲兒和生活周遭環境所有人的人際關係。

父母是孩子生命中最重要的人，但有時孩子會迷惘，

想獨佔媽媽或爸爸，尤其是想獨佔媽媽（因為通常母親是主要的照顧者），

會跟爸爸爭風吃醋，還有當家中即將有新生兒誕生時，

都會對兩歲兒造成極大的威脅，父母該如何面對與處理？

手足有手足之間競爭、分享的問題，獨生子女也有缺乏玩伴的問題，

其中還探討了霸凌問題及背後的原因，

印證了每一個霸凌的孩子背後都藏著一個故事。

「了解他，就能包容他」，但光了解他是不夠的，還要為孩子設下界線，

讓他知道什麼可以，什麼不可以，這是很重要的。

父母是生命中最重要的人

本章將探討兩歲兒和生活周遭環境所有人的人際關係。對每個小孩來說，他們知道，父母是生命中最重要的人。這時就出現了兩個問題：誰創造我？誰扶養我長大？兩歲幼兒正開始思考並回答這些問題，這兩個問題對於建立自我認同和知道我是誰是很重要的。我們與生俱來的基因遺傳來自兩個人，他們想方設法一起創造了我們。從受孕和誕生的那一刻起，我們所受的影響都直接和照顧我們的人息息相關，而他們的影響力也會因為對還在依賴狀態的幼兒，有一份責任感而發揮功效。

雖然很多小孩不單單是由父母扶養長大，有可能是爺爺、奶奶、未婚的阿姨們、養父母或兄姊。儘管如此，親生父母對每個人來說還是很重要的。我們在腦海裡有父母的「概念」，無論是在記憶裡、想像裡和夢裡，在有意識和無意識的思想裡，在跑出來或是藏在裡面的心智裡，在表面和深層裡，都有它們。父母的概念是最具影響力的。舉例來說，如果我們不知道自己的父親是誰，我們會從和男性及女性關係的經驗，也從生活的經驗，從電影、劇院、電視和書籍中去建立父親的概念。同樣地，如果是

貼心
小叮嚀

兩歲幼兒正開始思考並回答這些問題：「誰創造我？」「誰撫養我長大？」這兩個問題對於建立自我認同和知道我是誰是很重要的。

由親生母親之外的人所扶養長大的，我們對母親的概念就只能從這個人及其他各種複雜的人際關係和經驗中想像。

我們也會對父親和母親彼此間的關係有概念，他們是創造我們最重要的人。

要了解父母有多重要，或許最簡單的方式是：觀察和父母同住的兩歲兒。如此一來，以後他就能輕而易舉地回答「誰創造我」和「誰扶養我長大」這兩個問題。無論如何，我們看見所有的兩歲兒都在經歷建立父親和母親這兩個概念的過程。對有些人來說，要認為父母是最重要的人是困難的。但我們不得不承認這個事實：每個人都有父母。

如何同時愛媽咪和爹地呢？

兩歲幼兒仍然非常依賴母親，一旦感受到一丁點的威脅或憂慮，母親從來都是他們第一個求助的對象。如果媽媽不在身邊，小孩一定會跑去找和媽媽屬性最接近的那個人，一個使他想到媽媽的人。母親是一個讓小孩產生熱情和依戀的客體，是學步兒依賴、崇拜和喜愛的對象。但是這其實又很複雜，除了母親，學步兒也有其他依賴、崇拜和喜歡的人——爹地。如果小孩可以同時喜歡兩個人的話，當然沒問題。但是如果你開始感受到他們彼此之間的競爭情結呢？如果你開始想要同時黏在分開的這兩人身上

呢？你要如何處理這個切割的忠誠度問題呢？

　　這個問題無論是以哪種形式出現，總是要面對，不只是因為學步兒已經注意到有比媽媽更具吸引力的人，他們也注意到媽媽還有時間可以給其他人，我們因此看到情緒上的難題。如果想要成長一路順風，就得面對和克服這個問題。有些小男生或小女生會固執地想：自己和媽咪有獨特的關係，世界就只有他們兩個人，就是這麼簡單。克羅伊幾乎不讓舅舅跟媽媽講話。「你走開！」她會哭著這麼說，然後緊抓著媽媽說：「媽媽安靜、不要說話！」

　　當然，有時候是父親限制小孩。黏著媽咪不放的小男孩，想要睡在媽媽身邊，跟媽媽撒嬌，把爸爸踢出去，但是心中也崇拜著爹地，想要和他一樣會開車、用電腦，做任何他覺得爸爸在做的事……這個衝突需要一段時間來解決。你要如何同時愛這兩個人呢？

　　你要怎樣容許這兩個人發展的關係是會把你排除在外的呢？這讓我們回想起在第二章提到的法蘭西絲，她無法在父母在一起時自己獨處。小孩必須讓父母有些自由，無論單獨或是一起。但這對兩歲幼兒來說，就很困難。兩歲幼兒很難想像媽媽到什麼地方去，居然沒有帶他一

> **貼心小叮嚀**
>
> 有時讓孩子感受輕輕的失望和失落是好的，只要讓他們知道他們仍然是父母生活中最重要的人就Ok了。

起去！而更糟糕的是，有時候媽媽寧可不要帶他一起去，或是帶別人，或做其他事。通常需要好幾年的時間才有辦法調適，兩歲幼兒現在不過才開始。我們本能地想讓學步兒有些輕輕的失望，用言行和舉止向他們保證，他們仍然是我們生活中最重要的人。而當日子照常過時，情況會漸漸改觀。兩歲兒知道爹地的世界有另外一個女人，她就是媽咪；媽咪的確需要有人陪伴，那人就是爹地。就算沒有另一位雙親的存在，生活仍然會有對手出現，這是沒有辦法的事。

「媽咪，
妳什麼時候生小貝比？」

　　緊接相關的是另一個新生命的來臨所產生的問題——就某個程度而言，這件事情證明了學步兒有時是會被瞞在鼓裡的。我並不是說兩歲幼兒很清楚知道寶寶是如何受孕的；從另一方面來看，毫無疑問地，一定是發生了什麼事，導致了他們的小小競爭對手的產生。

　　媽媽再懷第二胎的時間通常是在老大滿兩歲時。這是合理的，因為老大已經不再是小嬰兒了，而且兩個小孩的年紀仍然很接近，可以作伴。這是真的。但是要他們能夠真正成為朋友和玩

伴前，還有好長一段路呢！

　　無論是男生或女生都對懷孕這件事很有興趣。賽門兩歲半時，會盡可能地把肚子挺起來。當別人問他在做什麼時，他說他肚子裡有個小嬰兒。

他的媽媽聽他這樣說過幾次以後，溫和地開導他，告訴他他是小男生，以後長大會當爸爸，而爸爸是不會有小貝比的。賽門很難過沮喪，執意說他會有baby，他會當媽媽的。由於賽門非常堅定，他的媽媽認為或許先不要跟他辯論，就交給時間吧。賽門很崇拜也很羨慕媽媽有辦法懷孕，所以很難接受自己不可能有這一天。當然，對小女孩黛西來說，這件事是有可能的。但是也讓她很困惑又難理解。她並未直接說她身體裡有個baby，只是不願意聽媽媽的話，不願坐在餐桌上，穿上靴子，到處作怪。她好像是因為媽媽特有的能力而生氣，不斷地和媽媽作對，讓媽媽感到疲憊不堪，惹她生氣。媽媽的忍耐幾乎已經到了極限。但有時候黛西又會情緒崩潰大哭，好像對自己所造成的困擾感到很抱歉，很擔心媽媽會因此而生氣。

　　上述的兩個例子裡，幸好爸爸都有即時發揮作用。賽門的爸爸在沒有覺察的心態下對他特別關愛，使賽門覺得爸爸很重要，也很有趣，以後長大像爸爸這樣好像也不壞嘛！黛西的爸爸則給太太需要的休息空間，帶黛西出去走走，也對她特別照顧。黛西漸漸覺得好多了，好像媽媽沒能如她得到這些好處，好像當個小

女生也不賴。

　　當家中即將出現新成員時，賽門和黛西都會有複雜的反應，這是很需要注意的，同時也得了解新成員的誕生會引發兄姊心中兩種截然不同的感受。首先是正面的感受，有個弟弟或妹妹是很美好的，小朋友甚至會感受到父母的驕傲和慈愛，以及看到新生兒所受到的寵愛和期待，但他們也會想起自己以前也是很受寵的小嬰兒。第二個則是棘手的感受。兄姊難免會有被人取代和排擠的感受。有些父母自己都還記得那種感覺，一位父親就說：「我實在無法理解爸媽已經有我了，為什麼還要一直生弟弟妹妹？」有時候每個人的注意力都在新生兒身上，事實上，只要不要太過分，這是合理的。但如果因為關心某個小孩而忽略另外一個小孩那就不好了。

　　對兩歲幼兒來說，處理這些矛盾的心情，一點也不容易，畢竟他們只比小嬰兒大一點點。他們需要很多的協助和溫暖。如果父母忽略他們心中五味雜陳的感受，那麼對他們一點幫助都沒有。有時候我們會聽到有人說學步兒多麼愛新生兒，其實就算是旁觀者也能嗅出不尋常的訊號。班的媽媽跟來訪的朋友說班對寶寶很好，可是當媽媽一離開房間，班用斜眼看了客人一眼就到沙發去，很明顯地想把露

貼心小叮嚀

當兩歲兒因為新生兒即將到來而焦慮不安搗蛋時，親愛的爸比請發揮功能，幫媽咪分擔一點，帶孩子出去散散步吧。

比踢下沙發。朋友連忙跳起來阻止，班才收斂行為。等到面帶微笑的媽媽再進房間時，她再次誇獎班，說他很乖。從這個例子可以看出問題，班知道他只能偷偷攻擊露比，就好像他擔心萬一媽媽看到他有多嫉妒妹妹時會無法忍受。但他似乎也希望大人給予協助，他看了媽媽的朋友一下，引起她的注意，才去做他很想做的事。這樣一來，一旦大家發現班對妹妹的敵意時，也就不會有太大的驚恐。如果這種關係持續，沒有人發覺，危及了他和妹妹之間的感情，那就太遺憾了。露比需要班的保護，班也需要別人的照料，使他不再做出對妹妹有敵意的舉動。但是要他主動停止類似行為是不可能的。

　　忽略班心中的嫉妒和敵意顯然沒有任何好處，太過激進也一樣沒有幫助。黛西在媽媽懷孕時很難適應，直到妹妹誕生那天為止，她還是很難調適。她把牛奶倒在地上，大聲尖叫要吵醒妹妹，並且不願意幫任何忙。黛西媽媽感到筋疲力盡。她眼中的黛西就是一個嫉妒心很強的小孩。她不斷地和朋友及家人討論黛西的問題。其中有位朋友剛好目睹黛西悲情的模樣，不禁想說是不是黛西欠缺一個公平的機會，可以好好表現一下。她的媽媽似乎相當沮喪，認為黛西永遠不可能和安妮好好相處。再一次，黛西的爸爸出面來幫忙，他觀察到黛西對安妮的出

> **貼心小叮嚀**
>
> 讓學步兒了解爸比媽咪同時可以愛你，也可以愛貝比，就可以化解哥哥姊姊們的爭寵情結。

生有著相當複雜的反應，包括她對小寶寶有相當濃厚的興趣。其實對妹妹有興趣的這一面，再過一段時間就會出現了。

讓黛西難以相信的是，父母心中居然容得下兩個小女生。這對小孩來說是很難理解的心態，比一般人想像中的還要難。學步兒以為自己就是父母的全部，但是現在只好很無奈地放棄這個特權。他們很難想像爸爸和媽媽可以沒有自己的陪伴，兩人單獨在一起，媽媽居然可以愛爸爸又愛我，爸爸也一樣。但是一旦幼兒可以想像，或是從經驗中發現，爸爸和媽媽真的可以好好照顧兩個小孩，互為敵對的兩人的需要都可以獲得滿足，愛與恨造成的衝突也可以處理，自己仍是被愛的，寶寶也是被愛的，那麼學步兒對父母的信心就會大增，相對地，他們的視野也會拉大。

手足朋友之間的互動與霸凌

當然並不是所有的兩歲兒下面都還有弟弟或妹妹。有些可能排行中間，有的則是老么。手足的關係對於日後發展和同儕、同學、工作夥伴、鄰居、同事以及成年後朋友間的關係，都扮演舉足輕重的角色。發展良好人際關係的能力要從很早的時候培養。待會兒我們會探討真實的友誼。助人的、互相合作及友善的人際關係最早是從父母彼此的關係，以及父母和我們的關係中去學習。從小生長在不斷有暴力衝突、爭吵和虐待的家庭，小孩當然

就很難和同齡的小朋友好好相處。我們從幼年時期的經驗中學習妥協、協商、分工合作、爭執及修復、體貼和寬恕。

> 每位霸凌者背後都隱藏著一個故事，年幼的霸凌者可以藉由引導來導正偏差行為，但到了青春期就很難了。
>
> 貼心小叮嚀

　　如果家中不只一個小孩，以上這些功課就容易多了。獨生子女要如何學習手足間的關係呢？很重要的一點是，兄弟姊妹就跟爸爸媽媽一樣，從根本來說就是一個「有力量」的形象，在某些情況下則成為一個事實。從小不是由父母帶大的小孩依然會有這種所謂父母親是「有力量」的概念，而且對他們情緒的發展產生很深遠的影響。同樣地，獨生子女也會從和他們互動的人們身上獲得對手足關係的概念，換句話說，他們可以由想像、幻想和經驗中拼湊出來。就像一般人認為的，獨生子女有「施與受」、競爭、樂趣，以及所有和同齡小朋友之間因密切互動而發生問題的經驗是重要的。

　　納森是家中的獨子，父母本來就沒有計畫要再生第二個，後來卻感到有點遺憾也有點罪惡感。納森的媽媽決定要好好地和住在附近的一個家庭聯繫，讓家長們互相熟稔，這個家庭有三個小孩。納森兩歲時，他和媽媽開始和其他小孩及他們的媽媽有固定的活動。一開始，納森有點不知所措，儘管那些小孩非常歡迎他，他還是黏著媽媽。他的媽媽焦急起來，也有些羞愧，不禁想：「真是沒用的傢伙！」但在深切反省以後，她發現納森接觸

到的同齡小孩實在太少了，是有些年紀比他大的小孩，但是年紀相仿的幾乎沒有，他因此而感到緊張也就不足為怪了。納森的媽媽願意支持下去的另一部分的原因，是她和另一位媽媽感情很好，因此為了自己，也為了納森，非常珍惜互相拜訪的機會。雙方家庭從這個互動中彼此有很大的收穫，小孩們開始喜歡納森，納森也一樣。她的媽媽觀察一陣子以後發現，就算納森現在到托兒所去，他還是會把這三個小孩當作是他最特別的朋友。

　　或許這樣想未免太樂觀了點，並不是所有的兄弟姊妹都相處得這麼好。別忘了，當我們在照顧學齡前的小孩時，這些小孩都還無法自我管理，他們需要大人的監督、保護和替他們思考。我們的內心深處總是有潛在的霸凌性格，尤其是在還小時，這股衝動會被喚醒。兩歲兒有時需要稍大小孩的保護，就像露比需要被保護，以免哥哥班班無法控制地把她從沙發上推下去。無論是霸凌者或是受到欺負的小孩，都可能因為大人疏忽、沒有盡到責任而兩敗俱傷。

　　納森父母在為他找尋朋友時，很高興看到朋友的小孩都跟納森年紀相仿，兩家情誼很容易就得以建立。這個家庭成員包括一個叫丹尼的小男生，年約四歲。納森的爸媽認為他跟年紀大一點的小孩玩也很好，但是漸漸發現那是個問題。丹尼的父母婚姻

貼心小叮嚀

兩歲兒開始發展對他人的同理心和關心，在這階段要經常讓他們練習如何「感同身受」。

有些問題，納森的父母擔心丹尼可能會受到影響。當他們看到丹尼對納森的行為，更覺煩惱。丹尼越來越強硬，他堅持（根據丹尼媽媽的說法）留很短的大男孩頭，穿大男人的靴子，他會到處跑來跑去，命令納森作東作西。納森不聽從時，他會大聲咆哮或是推納森。納森覺得這樣很恐怖，幾個月下來，納森的父母更擔心了，因為他們沒有看到任何好轉的跡象。丹尼的父母會指責他糾正他，但是這些作法只是讓丹尼更偷偷摸摸地欺負納森。他和納森會到花園去，納森總是哭著進門。

　　經過幾番反省以後，納森的父母覺得不能再這樣下去了。或許和丹尼的父母討論一下比較好，但又覺得不太可能。唯一的解決辦法就是不要讓丹尼單獨和納森相處。雖然納森的父母知道要將寶貝兒子的需要列為優先，但也知道丹尼本身有很大的困擾，即使他再如何欺負敏感的納森，也無法藉此獲得改善。我們或許可以認定納森的脆弱會提醒丹尼自己敏感的那一面，這來自於他父母的問題對他所造成的困惑、驚恐和傷害。利用攻擊納森，丹尼試著壓抑自己脆弱的那一面。

　　但是納森正活生生的遭到欺負。他們的互動對他是有害的，會傷害他對友善、合作的信心，使他嚐到受害者的滋味，對他一點幫助都沒有。納森的另外一個選擇是，如果不想讓丹尼欺負的話，就得和丹尼合作。這正是納

貼心小叮嚀

　　幫助小小孩了解每個人都有善和惡的一面，包括小小孩自己。

森父母所看到的情況，納森模仿丹尼，跟著他到處跑，很熱絡地討論殺人的事情。納森的父母覺得這樣已經太過火了。

值得我們留意的是，霸凌的小孩，本身常處於困境之中。小小孩可以透過治療來導正這樣的處境，一旦到了青春期，這些方式就無法發揮作用。當然，手足之間也會互相欺負，因此一旦這個行為模式固定，以後就會變成很嚴重的問題。

我們不能把所有兩歲幼兒的攻擊模式都想成是像可憐的丹尼一樣。潔西卡的媽媽崔西帶她到沙坑玩，那裡有個比她小的小孩，可愛地在附近徘徊，用了潔西卡的沙桶。就在一瞬間，潔西卡一轉身，拿起她的塑膠鏟子就往那小孩的頭打下去。潔西卡的媽媽嚇得跳起來，這是潔西卡嗎？潔西卡一向和表哥相處融洽，就算姊姊要求很嚴格，潔西卡通常都很堅強樂觀。被打的小孩哭了起來，崔西趕緊道歉，告誡潔西卡不可再犯。結果呢？潔西卡似乎沒放在心上。重複幾次類似的行為以後，她終於稍微收斂一點。崔西不得不調整她對潔西卡的了解，對潔西卡的形象應該做一番修正，包括潔西卡可能跟姊姊一樣沒有耐心。潔西卡是相當有決心又開朗的小孩，很容易就融入兄姊的生活圈。但是她的媽媽發現她對比她小的對手有獨特的感受，而這個潔西卡就是那個不願意放棄使用奶瓶的寶寶。她似乎覺得當老么很好，不容易接受比她小的幼兒。

在另外一個層面，讀者可能還記得潔西卡就像所有的兩歲幼兒一樣，有項重大的功課需要開始學習，這項功課也是所有人一

生中都需要複習的，包括體諒別人也跟我們一樣是獨立的個體，有感情、思想、感受、希望和恐懼。兩歲兒才剛開始對他人有同理心和關心。要完全體會這種感受，必須等小孩開始了解其他人是和自己有所別的人，有屬於他們自己的生活。當潔西卡打正在學習走路的幼兒時，當下，她只覺得這個小孩很惹人厭，想要趕走她。她沒有能力去思考「如果別人這麼對我，我會有什麼感受？」事實上，我們也知道她從以前就不太在意表兄弟姊妹拿走她的東西，她一向以好脾氣出名，是否她一直都想要迴避自己苦惱的感受？她現在兩歲半，才開始相當不情願地發現，自己必須想想別人是不是會感到有一點受傷？

　　有趣的是，潔西卡在連續犀利地攻擊比她年幼的小孩以後，接下來有一段時間，特別對小東西有興趣，像是寵物、洋娃娃、嬰兒車裡的小嬰兒。她的父母過去一直以為她是本性善良的小孩，但畢竟她是人，就像所有人一樣，她也有善跟惡的一面，透過父母的幫忙，她認清到這一點。

家庭以外的社交圈

　　我們已經知道兩歲幼兒如何發展社交能力。父母對於小孩的托育方式有自己的選擇，而且都會覺得這是個相當嚴肅的課題，

需要考量家中每位成員的需要。要做這些決定並不容易。我們都知道幼兒的經驗對於未來的成長非常重要。因此，由誰照顧小孩的這個決定一定會使父母有些焦慮。

整體討論這個課題並不是本書的工作，不過倒是可以依照順序簡扼地思考有關兩歲兒照顧的議題，他們的需求是什麼？不同的托育方式有什麼好處？

有組織的托兒所（無論是半天或是整天），好處是相當明顯的。父母不需只和單一對象（保母或奶媽）互動，因為他們主要的問題就是可依賴度不高。萬一你必須工作，卻又知保母傷到腰或是奶媽要離職，就會帶來很大的困擾。但是，如果父母將兩歲兒託付給保母或奶媽，通常是因為他們認為兩歲兒應該要能和信得過的照顧者培養出一個真實的關係。重要的是，白天交給托兒所照顧，就是希望小孩能夠得到大人足夠的注意。不只小孩身體上的照顧和安全需要依賴一位機警、樂意從事這份工作的人，小孩的心理發展也同樣重要。兩歲兒大部分的時間該由具備思考能力的大人陪伴。只有曾被別人設想關照過，我們才能學習替別人著想。有些小孩在某些托育機構時被訓練地不會替人著想。

換句話說，兩歲兒喜歡和其他小朋友在一起，也會從遊戲中受益多多，漸漸地就會越來越和

貼心
小叮嚀

兩歲兒大部分的時間該由具備思考能力的大人陪伴。因為只有別人學著替我們著想時，我們才能學習替別人著想。

他們產生連結。如果交由奶媽照顧的話，是否有其他小孩的陪伴是很重要的。學步兒團體，如音樂團體、讀書團體、公園遊戲場所的團體都相當受到歡迎。他們為兩歲幼兒的需求做了相當周延的思考。如果你兩歲，你可以跟帶你來的大人黏在一起，也可以在想要時加入那些活動。

　　父母幾乎不需要旁人提醒就會非常注意，也有很多資訊幫助他們了解選擇托育的方式。這意味不只聽聽別人跟你說的資訊，也要保持敏銳的觀察能力。兩歲兒所意識到和依賴的最重要的「思考心智」（thinking minds），其來源就是父母。思考心智幫助兩歲兒面對生活中出現的難題，當然也幫助他們享受生活中的樂趣。

　　無論是由母親全職照料或是全天的托兒所托育，都可以為兩歲兒帶來充實又快樂的生活。但這並不代表「沒有例外」。我們要有心理準備，有時候難免會不確定自己所做的決定，甚至幾年後再回頭看時，可能會覺得其實當年或許不需要那樣做。只要記得，當下的決定，都是父母盡全力所做出的。

第四章

陪伴小小孩成長

很多父母不知如何陪伴自己的孩子，

認為照顧好他們的吃穿就好了，其實這是不夠的。

本章告訴我們透過和孩子玩遊戲，

可以培養他們的思考力和探索感覺的能力；

唸床前故事或陪孩子看圖畫書，這些都是很好的親子活動。

如何選擇玩具、如何幫助小小孩面對恐懼和趕走惡夢、

如何和兩歲兒用語言溝通等在本章都有詳盡的描述說明。

最後還提到「利用電視來照顧孩子，好嗎？」這個議題，

讓大家省思和討論。

透過「玩」
學習思考和探索感覺

玩要是兩歲兒的工作，他們從一大早起床就開始玩。山姆起床後是先對著彼得兔說話，再到臥室去找爸爸媽媽。彼得兔是他的另一個自我（alter ego），也就是另一個山姆，可以隨時陪在他身邊。當然彼得兔不會回話，它只是一隻填充玩具罷了，上緊發條時，會奏起搖籃曲的音樂。因此，山姆正在學習不需要他人。他知道早上起床時是自己一個人，也在學習以假亂真和實際情況之間的不同；他也思考友誼的本質，並且對自己以外的東西產生熱愛。從這裡就可以看出，光是早上起床和彼得兔在一起的幾分鐘，就扮演了這麼多複雜又多樣的功能。

像山姆一樣的兩歲兒，還不會用腦袋思考，玩耍就是他們思考的方式，是跟著小孩子的需求去探索他的現實、心智及情緒世界的方式。山姆自己玩了幾分鐘，雖然每次的時間都不長，但是這個年紀的小孩的確會在這樣的情況下自己學習思考。黛西的媽媽無意間聽到她蹲在花園一堆葉子和石頭旁輕輕地哼著歌。她不斷重複以感傷的語調唱著：「很多很多小朋友都走了。」非常專注。我們不知道黛西的心裡到底在想什麼，但她的行為好像告訴我們，她正在想一件很嚴肅的事，是跟失落感有關的。

玩耍可以自己也可以跟別人一起。兩歲兒正要開始領會一

起玩的概念，而且一開始都是跟有意願的大人或是年紀比較大的小孩一起玩。山姆很喜歡小小建築師巴布（Bod the Builder，譯註：BBC知名卡通）的角色，很多小朋友也很喜歡巴布，他是充滿活力的人物，深受許多小男孩的喜愛。山姆有一套巴布建築師的玩具，裡面有頂堅硬的黃色帽子，隨身箱裡面還有一套塑膠的建築工具組。當他第一眼看到盔帽時，他的眼睛睜得斗大，好像無法相信這世上居然有這麼讚的東西。一開始，他還有點不好意思地把它戴上，好像在猶豫自己是否配得這項殊榮。當然他很快就接受了，好長一段時間都在扮演巴布建築師。山姆也會要求媽媽一起來玩，節目裡有位溫蒂的角色，無論溫蒂原本在節目中扮演什麼角色，在山姆的遊戲裡，媽媽就會成為溫蒂，不但是鮑伯的助手，實際上更是他的幫傭，聽候使喚，毫無怨言地工作。

　　山姆從玩耍中想像成年男子大概是什麼樣子。他對黃色盔帽的第一個反應顯示出這個人對他的啟發有多麼大。他也把這個角色扮演得很有威嚴，告訴溫蒂做些什麼事，帶著他燦爛又近乎神奇的工具，使他更具氣派和權威。他對成年人的概念當然只是小男生的觀點，並非真實的。但他正在探索屬於自己的想法和感受，也探索工作和合作的世界，這都是他在這個階段成長所需要的。他的媽媽覺得他氣派的樣子很可愛、俏皮，很適合他這個年紀，要是換成

貼心小叮嚀
玩耍可以自己也可以跟別人一起，兩歲兒正要開始領會一起玩的概念。

比較大的小孩來使喚她，可能就沒那麼好玩了。

有時候玩耍又跟體能極限有關聯。兩歲到三歲的小孩成長很快。從有點不太穩定到越來越能主宰自己的身體，可以跑步、攀爬和騎東西。當所有體能在發展時，心理層面同樣在成長。如果你能把某件事越做越好，就越不需要奇蹟或佯裝。學習技巧的確對跑步和跳躍是很重要的，因為身體需要運動，所以體能活動對小孩是很有幫助的。同時也給他們一種掌握自己身體的感覺，使他們適當又坦然地做自己。

有很多玩耍跟獲得主控感有關。想像小孩如何學會走路、攀爬和跑步是相當具啟發性的一件事。其實是要透過不斷地練習。很多小孩不停地跌倒後再站起來，再試一次。同樣地，很多具想像力的遊戲焦點是放在以發展肌肉來擴大和鍛鍊心智。我們知道思想和感覺緊密並存，小孩有很多方式可以探索感覺，學習思考事情，這些都是需要努力的。舉例說，小孩需要到醫院去或在接受治療時，通常可以從醫師的醫療箱玩具器材中獲得滿足和安全感，這是相當普遍的現象。醫院這個環境要獲得小孩的信賴是很大的挑戰：醫師明明弄痛你了，怎麼可能是友善的？為什麼爸爸或媽媽會幫醫師而不是跳起來保護我呢？當然這就需要對他們解釋，也需要對他們展現同情心，但一看完診，小孩又可以玩起當醫師的遊戲，像是給病人解釋病情，給泰迪熊或彼得兔打針。

┃鼓勵閱讀

　　父母都被鼓勵應該多跟小孩一起看書，唸書給他們聽。許多人很喜歡這麼做，想想小孩從看書中學習到什麼，也蠻有趣的。許多兩歲兒已經很喜歡看書、聽故事，如果還沒有這個習慣，現在是開始的最佳時機。雖然看圖片是孤獨的樂事，這個年紀的小孩卻沒辦法看太久。但是如果和大人一起坐下來聽書的話，那就大不相同，因為彼此間有種溫馨的相互感。小孩會覺得自己跟某人一起做某件事。兩歲兒不只是喜歡窩在大人身邊看書，也喜歡貼近大人的內心世界。大人幫助小孩維持這種興趣和專注力，吸引他們心放在圖片上，帶領他們一起知道故事的發展。學步兒會跟著故事的情節發展了解內容。

　　這個年紀的小孩可以看的書籍範圍很廣。他們還是很喜歡嬰兒時期的書籍，舉例來說，像是有著日常生活中很熟悉的東西，用很逼真又可以圖片呈現的圖畫書，以及稍微比較複雜，但以類似的呈現方式，像是爸爸刷牙、媽媽打電話，膝蓋則坐著一個寶寶、學步兒坐在高腳椅等等。這些都是我們要討論的重點。

　　有些早期幼兒的書籍提供重要和相關的訊息，可以刺激學步兒思考。光是「小寶寶誕生」這個主題就有很多種吸引人的選擇。這個主題和他們息息相關，就算實際上不是也沒關係，因為兩歲到三歲的小孩的確已經開始思考這個問題。艾力克斯是家中四個小孩的老么，當然是媽媽最後生的小孩，有天他問媽媽：

「你下次什麼時候要生小孩？」正好有本關於這個主題的書，是由夏綠蒂‧浮高（Chralotte Voake）所寫的《薑》（Ginger），她描寫一隻貓要適應小貓咪誕生之後的生活。狗兒也被召集前來破壞小貓咪受寵的地位。書中的訊息就是貓爸貓媽仍然愛牠們，就跟愛剛出生的貓寶寶一樣。

　　就跟大人欣賞各式各樣形式的藝術作品一樣，類似的書籍具有同樣的功能，能打開小孩的心房，引導他們面對困難，使這些問題變得可以處理，並且刺激他們進一步思考。許多學步兒喜歡的書籍是介紹很多新事物、新地方和新觀念，讓每天的生活更加充實。小孩也有自己的好惡，有的喜歡這一本，有的喜歡那一本。山姆完全臣服在一本有關貓頭鷹寶寶的書，牠的媽媽離開之後再回到牠身邊。莎拉喜歡一而再、再而三地聽三隻小豬的故事。黛西則喜歡聽魯伯特熊（Rupert Bear）的故事，儘管媽媽覺得黛西應該聽不懂才對。書籍是滿足小孩追求知識渴望的重要管道，雖然並不是唯一方法，但如果忽略了它的重要性，未免太可惜了。

> **貼心小叮嚀**
>
> 許多兩歲兒已經很喜歡看書、聽故事，如果還沒有這個習慣，現在是開始的最佳時機。

> **貼心小叮嚀**
>
> 書籍是滿足小孩追求知識渴望的重要管道，而且小孩也有他們選書的好惡，父母需要尊重。

選擇玩具越簡單越好

　　大部分的人都會不其然的注意到，其實不見得一定要買昂貴的玩具給小孩玩。許多小孩在現在的富裕社會中有一大堆的玩具。它們不見得會有什麼傷害，但其實是不需要的，因為小孩總是會找到可以玩得很開心的東西。很多兩歲小孩很容易就拿到調味盤或木頭湯匙，或是在花園中找到石頭和樹枝玩得不亦樂乎，就跟他們拿到高級的玩具樂趣一樣。當然，爸爸、媽媽、爺爺、奶奶和叔叔、阿姨等都喜歡送禮物給小孩，希望為他們帶來樂趣。

　　通常越簡單的玩具，越禁得起時間的考驗，也帶來最持久的樂趣。磚塊和積木、茶具組、小汽車或是火車、軟綿綿的玩具、洋娃娃等，都會提供兩歲兒充分的機會，以鍛鍊他們的運動技巧和思考能力。

貼心
小叮嚀

通常越簡單的玩具，越禁得起時間的考驗，也帶來最持久的樂趣。

幫助小小孩面對恐懼及惡夢

　　從上述的兩個部分，我們知道遊戲和書本如何活化小孩的想像力。有時候他們活潑過了頭，有點失控。兩歲兒對現實還沒

有很具體和正確的觀念，惡夢或是小孩的恐懼有可能會在學齡前的任何時候造成他們的困擾。莎拉會在半夜哭醒，無法安撫，顯然很害怕。媽媽發現，原來她很害怕掛在牆上的維多利亞式雕刻的籃子，那是個小古董籃子用來擺放花瓶，這個籃子就高掛在莎拉的房間。經過仔細檢查以後，莎拉的媽媽發現這個東西看起來有點像人的臉。她馬上說：「討厭的舊東西，讓我們把它丟掉吧！」就把這個讓人不舒服的東西拿走。這麼做，或許比對著可憐的莎拉說，沒有什麼東西好怕的要來得恰當。很自然地，有時候探索或許是按照順序來的，但莎拉的媽媽覺得這次她這麼做是對的。莎拉說：「太好了。」之後她有點打嗝，然後就睡覺了。我們可以想像可能是莎拉做了惡夢，醒來時發現是真的，因為一張可怕的臉就掛在牆上看著她。

小孩的心中有時會有我們不知道的憂慮和恐懼。我們可以讓自己回到以前（或許無法回到兩歲，那麼至少到四或五歲），這樣就可以知道小孩心中的恐懼有多麼真實。當他們可以開始分辨想像和真實的不同時，恐懼就大大減低。就算只能夠知道發生的一切只是一場夢，這對他們來說，還是有幫助的；幼兒是無法做到的，才會將它當真。黛西有天半夜哭著醒過來，她的爸媽剛開始聽不懂她在說些什麼，最後

貼心小叮嚀

小小孩的心中有時會有我們不知道的憂慮和恐懼。當他們可以開始分辨想像和真實的不同時，恐懼就大大減低了。

她努力地說出：「爸爸把所有的餅乾都吃掉了！」雖然這聽起來很瑣碎，但對黛西來說這可是件大事，因為她擔心沒有東西可以留給她。她很肯定爸爸和餅乾是千真萬確的，因此需要解釋和再保證。

用簡單話語和小小孩溝通

莎拉和黛西做夢的例子告訴我們，語言能力的重要性。當恐懼可以化為語言，就沒那麼有威脅性，可以理解的探索也就減少了焦慮。當然，還有很多種不需言語的溝通方式，嬰兒就充分利用這種方式。但有些溝通只有語言做得到。學步兒已經會用語言描述很多事情，好大大增加他們對世界的掌握度。

眾所周知，小孩開始講話的年紀有很大的差異，也是很多父母憂慮的焦點之一。有的小孩一歲就會說話，有的要到三歲才開始冒出語言。潔西卡並不是很早就開始講話，但她的理解能力非常好，腦子裡懂的比她說出來的還要多。她兩歲半時，有次到醫院，需要做個血液檢查。她討厭幫忙抽血的那個醫師，於是當醫師告訴媽媽結果正常時，一向不太說話的潔西卡突然迸出：「不要血！不要

> **貼心小叮嚀**
>
> 當恐懼可以化為語言，就沒有那麼具威脅性，所以多多鼓勵引導孩子說出內心話。

血！你醫鱷魚！」她在處於壓力
之下，不僅可以清楚地表達不要
抽血，還能把醫師和鱷魚這兩個
字結合在一起，表示她覺得醫師
很冷血。

　　根據納森媽媽的觀察，她
認為有時候小孩口語表達能力太強反而讓人憂喜參半。納森很會
講話，由於有很多時間單獨跟大人在一起，他有很多機會可以練
習。在公園裡，納森走到一位年紀相仿的小男生面前跟他說：
「你好，我的名字叫納森。」另外一個小孩不可置信地看著他。
「你好，」納森又重複一次，「我的名字叫……」他還沒講完，
小男生已經失去耐心，覺得納森擋住他的路，因此稍微推了他一
把，納森一個踉蹌跌倒，垂頭喪氣。有時候，大人期待納森表現
得比實際年齡更成熟。但是，納森的媽媽有自己的看法，雖然納
森語言表達能力很成熟，甚至早熟，實際上他還是跟其他同齡的
小孩一樣小，一樣脆弱，對人生充滿困惑，也很容易因為一些小
小東西就高興得不得了。

　　納森有時候會勉強自己理解一些困難的概念，就好像要提
早長大當大人一樣。所有的小孩都生活在一個超乎他們理解能力
的世界，有些東西必須要放手，知道自己還無法理解或做得到。
有時候，發生一些令人心碎的事或是離婚，大人必須向學步兒解
釋。這對父母來說是相當困難的，他們知道有些事一定得告訴小

孩，但又不知該如何開口。或許可以做的就是先開始傳達日後必定還會再回頭涉及的所有訊息。另外，爺爺或奶奶去世也是很多人會遭遇到的經驗。兩歲兒是無法一下子就對死亡有概念。「離開和永遠不會再回來」對他們來說實在太嚇人了。

　　還有許許多多的議題，有的相當重要，需要盡量以最簡單的語言跟這個年齡的小孩說，父母也知道這是長期的工作，甚至要很多年，他們才有辦法消化吸收。這些議題包括收養、父親或母親不在身邊、同性戀家庭中小孩的處境、父或母或是手足去世。在跟小孩提這些話題時，千萬不要一下子講太多太嚴重，他們可能會因為無法承受，出現焦慮，因而造成反效果，使得問題更嚴重。說的方法可以是，父母要小孩複述複雜的解釋內容。這對口語專家的納森來說，一定難不倒他，即使他可能不了解其中的意義。在這方面，就像其他人一樣，很重要的是，這個年齡的小孩，其心智就跟他的身體一樣柔軟、脆弱和不成熟。

利用電視
來照顧小小孩，好嗎？

　　電視是另一個相當不同，卻頗有相關性的主題。如果我們相信報紙所做的研究，兩、三歲幼兒花相當多的時間在電視機前。很多家長對這個問題是相當關切的，覺得應該要在這方面找出明

智又合適的解決方法。兩歲兒能夠從電視節目中獲得什麼？

　　或許可以想一想很多小孩看電視時的模樣。他們常常咯咯笑，大拇指放在嘴巴裡，眼睛緊盯著電視螢幕。當電視突然被關掉，他們會有點驚訝，就好像把黏在一起的東西硬生生地拆開來。我想我們都會認為小孩的腦袋瓜裡並沒有獲得什麼實質幫助，他們只不過找到一個填滿空隙的方式。或者有人會說，那又有什麼關係呢？的確，如果只是短時間的話，是不會造成什麼傷害。我們偶爾都會利用電視來照顧小孩，只要他看電視就不會吵鬧。這是用來填補玩樂和睡前時間空檔的合理方法。

　　如果我們把這種被動的看電視行為和小孩有興趣積極實際的行為做個比較的話，結果是相當值得深思的。或是大人陪著小孩看電視，這樣的方式就跟陪著小孩看書是相當接近的。我們都會看電視，但如何篩選、收看你真正想要看的節目？眼睛黏著電視螢幕的行為已經接近上癮，小孩有時會無法自拔。現在有很多適合小孩觀賞的DVD，這樣比較像可以選擇自己想要看的書一樣來觀賞，或許可以戒除掉一些潔西卡父親形容的：「他們連用威爾

貼心小叮嚀
在每個成長階段中，小孩應該從事屬於他們年紀的活動，這是相當重要的。

貼心小叮嚀
看DVD比看電視來得好，因為我們可以挑選好的影片且較可控制時間。

斯腔調播報的新聞都看！」（我要補充一點，他們家是不說威爾斯語的。）

　　還有另外一個令人擔心的現象，父母不是擔心小孩坐在電視機前什麼都沒有學到，而是擔心他們吸收到錯誤的訊息。這裡我並不是說完全不適合觀賞的節目，像是色情或暴力節目，我們相當清楚這些對小孩一點好處都沒有。但是除此之外，還是有些節目適合較大小孩觀賞，但對幼兒來說卻不適合。如果大人隨時注意小孩觀賞的節目，這會是相當值得注意的領域。

　　這樣聽起來好像有點落伍，但的確有所謂的興奮過頭現象。小孩可能會因為受到過多的電視節目刺激，以致興奮過頭。山姆和鄰居小孩一起看DVD看到著迷，一直問什麼時候可以再看一次，連在夜裡醒來都還在想這件事。從這個例子可以看出，這對他幼小的心靈實在是太強烈的刺激。在每個成長階段中，小孩應該從事屬於他們年紀的活動，這是相當重要的。

▌做個稱職的大人

　　最後，當我們想到兩歲兒正在發展的人格時，可以回想一下他們生活中大人所扮演的重要角色，想一想周遭的親戚成員：爺爺奶奶、外公外婆、叔叔舅舅、姑姑阿姨、堂表兄弟姊妹等，他們對小孩的成長都會帶來好處，整體來說和奶媽或是老師是完

全不同的，因為這些成員一直都在，在某個地方，永遠地。正如一位十幾歲的少女很無奈地說：「唉，我想我最不喜歡的阿姨大概會黏著我一輩子吧！」

貼心
小叮嚀

家庭有時候是個詛咒，有時候也是種祝福，大人不要小看自己的重要性。

　　學步兒必須開始擅用家庭給予的好處。當然家庭有時候是個詛咒，有時候也可以是種祝福。當幼兒向外發展人際關係時，這些親戚關係的重要性就會放大，並生機蓬勃。舉例來說，很多爺爺奶奶比自己當父母時還要稱職，畢竟他們是從經驗中學習。他們會盡可能提供不同的看法和節奏；而年輕的叔叔和阿姨們也可以是最熱心的助手和保母，學步兒可以和他們發展實際又持久的關係。

Danivu，莊瓊花攝影

第五章

了解小小孩的內心世界

「了解你的孩子」是父母一輩子的功課。

常常孩子脫序行為的背後隱藏著許多的祕密和擔憂，

但大人卻毫無所悉，只看見他們不乖、叛逆的那一面，

好像他們天生就這麼壞。問題到底出在哪裡呢？

有時大人自顧地沉溺在自己的情緒中，

卻不知你的情緒和環境的改變也影響了小孩，

即使是兩歲的小小孩，都是很敏感的。

本章從各個面向提醒父母

如何做個稱職的大人和成為孩子重要的支柱。

父母一輩子的功課

本章簡短描述當你認真扶養兩歲兒時，尤其是新手父母，是多麼複雜又艱辛的工作。第四章曾提到祖父母所學到的功課：有位年長的媽媽，雖然一兒一女皆已長大成人且有所成就，但當她回想早期時光仍然帶點哀愁，她記得當年工作很吃力，又要照顧小孩，她到現在她都覺得，如果當時只要照顧小孩就好，或許會感到快樂些，「我想當年的經驗是要訓練我當個好奶奶吧？」這並不是說她沒從陪伴小孩的成長和不同個性中感受到快樂，而是二十四小時照顧小孩是相當苦的差事。為什麼呢？這和一個有趣的因素有關，身為父母的我們，會在照顧小孩過程中，聯想到自己過去的哪些經驗和知識呢？這個問題想來有很多答案，有些人說他們照顧過弟弟妹妹，有些人說青少年時曾經幫忙陪伴過小小孩，有些人則是對這個專業有興趣，或事先已經廣泛閱讀預作準備，有些人則是完全沒有相關經驗。無論答案為何，還有一個因素需要考慮，我們都曾經兩歲過。兩歲的經驗仍然深藏在內心，有相當大的影響力，就跟十二歲和二十二歲的經驗一樣重要。

這樣有好有壞，壞處是我們兩歲時的焦慮重新給喚醒了。我們相當清楚幼小微弱的無助感是多麼令人難以忍受，因此一直想逃避。好處是，回想起兩歲時的焦慮本身就是個有利因素，這樣我們才能了解兩歲兒的感受。我們可以感同身受，卻又要同時保

持大人的立場。但這兩股力量之間會拉扯、造成緊張，因此令人感到疲累。

此外，身為父母通常會背負所謂巨大的包袱，子女的童年讓我們想起自己小時候的點點滴滴，而我們常不自知。幾十年前受到無微不至照顧的嬰兒，通常也會以同樣的方式照顧自己的小孩。當他們進入學步期時，父母自己曾經歷過學步兒的回憶也會不知不覺強烈地出現。

有時回憶可以追溯到一個世代以前。黛西和安妮的母親，不了解為什麼學步期的姊姊和仍在襁褓中的妹妹之間會有情結。雖然她依稀記得自己的哥哥會嫉妒她，卻不像她們那麼嚴重。後來才發現原來外婆有個妹妹，這個妹妹和她同齡，在兩歲時成為孤兒，經由父母收養才突然成為家裡的一份子。是不是當年一些未解決的問題一直傳承下來？如果一切平順的話，就不會造成問題才對，通常都是因為父母有無法抹滅的憂慮時，不同的思維才有被需要。或許思索一下父母的兒時生活對自己所扮演的角色，會有相當珍貴的收穫。你有什麼樣的童年，而你父母的童年又是如何？

脫序行為的背後隱藏著擔憂

家裡有小朋友的父母總是有一籮筐的擔心，尤其是第一個小

孩誕生時。還好經驗的累積會讓
父母放心一些，知道什麼時候該
擔心。年幼的小孩不知道處理自
己的問題、衝突、恐懼或憂慮，

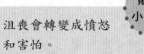

沮喪會轉變成憤怒和害怕。

貼心
小叮嚀

照顧他們不只要兼顧生理也要考量心理的需求，我們會和他們一
起感受，為他們著想，也會隨他們的情緒起伏而波動。

　　要是問題無法解決該怎麼辦？賈思敏是位單親媽媽，獨立扶
養兒子喬。喬不只沒有越來越獨立，反而黏著媽媽不放。對著一
個兩歲兒說他已經退化回到小嬰兒時期似乎太說不過去，因為他
根本還沒脫離嬰兒期。喬也似乎打定主意，不願意自己睡覺，常
常不願意吃飯，也不願意學習自己上廁所。其實他已經上托兒所
一陣子了，因此早上要和媽媽分開變得很令人頭痛；更大的打擊
則是，托兒所的工作人員把賈思敏請到旁邊，告訴她喬脾氣壞透
了，還會攻擊其他小朋友。

　　有個簡單的經驗法則：觀察小孩生活的各個層面，他是否
有吃東西？睡得好嗎？和其他小朋友相處得好嗎？喜歡獨處嗎？
有沒有學習新東西？如果只是某些部分不太對勁，就再觀察一陣
子看看，或者多寵愛他一點，拍拍背給他安全感。舉例來說，新
生兒誕生後，賽門會鬧彆扭，要求拿著奶瓶喝奶，他的爸媽體諒
他就隨他去，不想大驚小怪，有時還會抱抱他，或是讓他靠著大
人的膝蓋喝奶，因為總好過看到賽門心情不好地拖著奶瓶到處
走動。這段期間對賽門來說，是相當不好過的。他睡不好，有

貼心
小叮嚀　有快樂的媽媽，才
有快樂的孩子。

時沒有食慾，但同時他又長大不少，例如，字彙增加很多。這種情況屬於短暫性困擾，需要多些包容，很明顯地賽門是因為家中多了新生兒才不適應，原因相當單純。但是，賈思敏和喬的情況就不同了。喬在家裡也開始出現攻擊別人的行為，如同在托兒所一樣。他的壞脾氣似乎無法收斂，他到處惹麻煩，問題的根源在哪裡呢？不禁令人思考到底是誰的錯？要怪誰呢？該如何分配權責呢？倒是可以試著去了解，這個乍看之下令人不解，不知意義為何的狀況。賈思敏覺得自己實在倒霉透了，得努力單獨扶養喬，偏偏喬還這麼不好帶。她既沒有媽媽也沒有姊妹，要向誰求援呢？

　　賈思敏後來去找她的家庭醫師，他建議衛生所人員或許可以幫上忙。衛生所派來的是一位和善又有經驗的女士，她發現賈思敏的問題是有憂鬱的狀況。自從另一半離開她和喬以後，她就一直鬱鬱寡歡，心情低落，感到孤單，甚至悲哀，她自己很清楚這不是最近才開始的。喬很自然地會對媽媽的感受有很強烈的反應，他想盡辦法要讓媽媽高興，但是徒勞無功，他感到難過、沮喪、吃不下也睡不好，因此轉為憤怒、害怕，一直跟媽媽過不去，認為媽媽為什麼無法做自己，同時又害怕孤單、害怕離開媽媽，因為他被媽媽攪擾的厲害。雖然賈思敏和喬的爸爸之間有問題，喬還是想知道爸爸去哪裡了。

　　賈思敏需要思考的事情很多，她發現過去自己一直不願意面對。衛生所的女士安排她去看醫療院所專業的諮詢師，結果相當有成效。賈思敏想太多，擔心自己要單獨做的事太多，當她恢復以後，她開始思考和喬的父親可以維持關係，好讓喬可以去看爸爸，她也可以重新和人互動，參加一些活動，知道自己的人生不是黑暗的。

　　當賈思敏不再憂鬱，重新和朋友和其他媽媽聯絡，甚至開始考慮要去上班時，喬進步得相當神速。

▍孩子行為和環境改變有關係

　　從喬的情況，我們可以知道兩歲幼兒就像一種儀表，例如量尺或溫度計，視家裡的天氣和溫度而反應。兩歲兒才剛學會自己是獨立個體的慨念，因此比年齡大一點的小孩更容易受到家庭氣氛的影響。

　　露西和麥特做了個人生重大改變的決定。露西有個升遷的機會，如果她願意接受到遠一點的城市工作，收入也會大幅增加。由於當地房子比較便宜，露西和麥特覺得接受這個安排再好不過，於是麥特辭去工作，負責家事，照顧耐德。但是他們做決定的時間相當有限，加上改變實在太大，麥特的角色有了巨大轉換，露西的工作責任加重，工時也變長，還要離開向來給他們全

力支持的祖父母。

其中最無法適應的就是耐德，他總是抓著媽媽的腳想要阻止她去上班 然後尖叫大哭，無法平息，這個狀態總是讓麥特感

到厭煩又難以忍受。不久耐德本來已康復的濕疹復發，還伴隨報復性的行為，他在托兒所跌倒，頭部撞傷得到醫院包紮，幸好無大礙。後來露西和麥特都常繃著臉，在一起的大多數時間就壓低聲音吵架，通常都是圍繞著耐德的照顧問題而吵，耐德因而變得更加難以照料。

這段期間對三人都不好受，直到露西的表姊到家裡來住，才有機會討論分工問題，而不是永無止境、臉紅脖子粗地爭執耐德的問題。露西和麥特後來發現，他們當初沒有考慮到一些問題，那就是麥特有辦法整天待在家裡嗎？露西真的想要過早上七點出門晚上八點才回家的生活嗎？或許等麥特把家裡整修完以後，雙方可以做出某些妥協。

這個例子讓我們以為問題是在耐德，但其實是一個家庭對巨大改變無法適應所衍生出來的困擾，廣泛來說，兩歲兒是相當敏感並即時反映家庭狀況的。

爸比媽咪，我有煩惱

　　如果以為學步兒內心不會有任何難題，那就大錯特錯了。回顧一下班，他想把露比踢下沙發，顯然那是他內心的嫉妒和羨慕在作祟。他和欺負納森的丹尼一樣，有天可能也會因為不同的原因而遭人欺負。班等媽媽不在房間時，意圖攻擊妹妹，但是當媽媽進來時，班又面帶微笑，讓媽媽以為他對妹妹真的很好。同樣地，丹尼父母對他的指責，使他想偷偷地攻擊納森。但這兩位小男生的父母大概都沒有潔西卡媽媽那麼震驚，因為潔西卡大剌剌地攻擊那位偷她沙桶的小孩。潔西卡的母親雖然還是很不舒服，但還能忍受潔西卡有時稍微不乖的行徑。最後她只能以哲學的角度來看待整個件事，告訴自己「畢竟小孩也只是人」。

　　班帶有敵意的嫉妒心遭人忽略或淡化，好像不是班的一部分似的。丹尼對納森的攻擊，大人解釋為是頑皮和不乖，而不是需要人了解的行為。他的父母沒有看出來這和頑皮是不同的，小孩是有選擇性的在運用不同的方式來表達自己。丹尼心中所遇到的問題，不只是調皮而已，更是一種來自內在的驅動，自己無法停止攻擊納森的困擾。他所需要的是協助，或許是大人在旁協助督導的方式，不要再

貼心小叮嚀

　　爸爸媽媽要聽得懂孩子的求救聲，學習看見他們行為背後的真正原因，並且給予適當的協助。

讓他和納森單獨相處，同時以體諒的態度，讓丹尼知道，家中有變動時，心中會不安是難免的。

大人是孩子的支柱

　　面對複雜的家庭狀況，許多幼兒得要有一套生存之道。舉例來說，父親或母親如果再婚，自己成了新家庭的新成員，面對原來的兄弟姊妹和繼父或繼母的子女，他們該怎麼辦？如果學步兒的父或母是同性戀，「我從哪裡來？」「我的親生父母是誰？」等這類問題對他或許很深奧？有很多學步兒的父母就像喬的爸媽一樣分開了，或是有親生父母和繼父繼母，或來自單親家庭。

　　面對這些狀況，哪些事是需要擔憂的？當家庭面對新的狀況或不同組合時，有哪些建設性的建言可以幫助他們？值得注意的是，兩歲幼兒正在建構未來的自我定位，這是個複雜的過程。他們所看到、所學到、所做的一切和所聽到的都會產生很大的影響。人們常常會過度苛求幼兒，希望他們在某種狀況下要有某種表現。有時候，由於社會、父母或是別人的關係，幼兒常會被要求要有某種表現。或許吧。但其實很多時候，這些情況根本不存

貼心小叮嚀

父母需要時常提醒自己，是否因為自己的比較心和在意別人的想法，而過度苛求孩子了。

在。或許，如果假設父母的影響力其實很有限，反而會讓人鬆一口氣，因為其他家人、事件、人們或是機構也會對幼兒的生活產生影響，更不用說幼兒自己的獨特個性也扮演著重要角色。

　　人類的點子超多，適應力又超強。我們要知道，無論在任何狀況之下，幼兒都很脆弱，需要依賴大人，他們永遠不可能當大人的助手，一個可以獨立自主的助手。當然他們可以幫忙，但是最大的忙就是當他們自己。活力無窮、正發展中的兩歲兒，是家庭的希望，希望諸事順利如意，最好是一年比一年好。

▍兩歲兒發展差異很大，別擔心

　　幼兒在第三年的發展相當驚人，兩歲多的幼兒在發展上的進展已有相當大的差異，有些在體能方面特別好，能跑、能爬，對球賽表現出濃厚的興趣。有些的動作技巧特別好，已經能專心堆積木，或是玩其他把東西組合起來的遊戲。有些吃東西能夠保持乾淨整齊；有些無論是白天或是晚上都能夠保持乾淨的儀容；有些已經能夠使用相當完整的句子進行複雜的對話。

　　另外一方面，有些幼

貼心小叮嚀

　　別人家寶寶什麼都會，我家學步兒什麼都不會，該怎麼辦？請靜心等待，到了三歲時，差距就會縮小了。

兒對自己的手腳似乎仍沒有很大的信心，也不太積極，他們無法爬上爬下，或是把球踢高；有些對積木或是組合性的玩具沒有多大的興趣；有些則對於自己吃飯不是很積極，也非常抗拒使用尿桶；還有

貼心
小叮嚀

兩歲兒生理發展小小指標：會走、能跑、能爬、堆積木、能組合東西、自己吃東西、上廁所、獨自睡覺、保持儀容整齊乾淨、對話等等。但每個小小孩發展的速度都不一樣，別比較。

的幾乎不太會說話，但是非口語溝通技巧可能相當優秀。

一旦滿三歲，差異就不再那麼大。三歲幼兒通常都能夠獨立走路、說話、完成如廁訓練，慢慢可以調整那些不一致的面向。三歲兒對自我的概念又更加清楚，也更想要和其他小朋友玩耍，並且把這些小朋友視為獨立個體。這是個漫長的過程，同時也只是個開端。進入三歲以後，也就是剛滿兩歲的幼兒仍然需要黏著大人，在團體中，無論是在托兒所或社交場合，兩歲兒仍需要大人的照顧，他們和同年齡幼兒相處的能力會漸漸增強。當他們滿三歲時，就有可能有屬於自己的朋友圈，一下子就能學習互相合作，一起玩耍，一起玩遊戲，但這個過程還是需要訓練，因為他們正從幼兒階段進入小孩階段，當他們四、五歲開始上學時，就能夠發展獨立的人際關係。這種能力需要小孩漸漸認知其他人是獨立的個體，也有自己的感受、願望、喜惡，他們對幼兒來說不只是存在而已，也有自己的權利。

　　父母永遠甩不掉自己的內在小孩。我們內心的某個部分相信奇蹟，對善與惡有自己的標準，這個內在小孩永遠會將父母當作偉大的媽媽和爸爸，而非對我們沒有特殊力量的一般人。而這就是我們個性的一部分，它們有可能深深地埋藏在內心深處，也有可能相當活躍；它們讓我們發現自己也需要以一種奇蹟的方式被照顧，所有的需求要得到滿足，所有的問題都能夠獲得解決，所有的恐懼都會消失無蹤。兩歲兒的世界就像人類的世界一樣，並非如他們期待的會有奇蹟出現，也不會有魔法產生，而他們得慢慢地去發現這個事實。

　　在某方面，當我們知道自己並不全然可以掌控一切時，會有點失望。兩歲兒會想將「自己掌握著主導權」的念頭複製到外在世界。通常要不去同意他們如此強烈的信念是很困難的，大人常會臣服在幼兒的要求下，就像是他們可以不用去睡覺，可以不要吃他們不想吃的東西，可以不讓爸媽有獨處的時間。相反的感受也常來自與此：大人相信一味地滿足孩子一時興起的要求是很危險的。但要堅持立場是相當不容易的，因為我們照顧的是非常稚幼的小孩，幫助他們了解現實是相當困難的，但或許這又是父母唯一的救贖。知道自己既不是宇宙的主宰也不是卑微的小蟲，這是一輩子的功課。兩歲兒在這一年學習到自己在生活上真正可以做到的事，同時也知道那些因素限制他們和周遭的環境，這個過程將會繼續下去，為日後的性格奠定基礎。

國家圖書館出版品預行編目（CIP）資料

0-2歲寶寶想表達什麼？／蘇菲‧波斯威爾（Sophie Boswell），
莎拉‧瓊斯（Sarah Gustavus Jones），麗莎‧米勒（Lisa Miller）作；
林苑珊譯. -- 初版.-- 臺北市：心靈工坊文化, 2012.05
面； 公分.--（了解你的孩子系列）
譯自：Understanding your baby；Understanding your one-year-old；
　　　Understanding your two-year-old
ISBN 978-986-6782-96-1（平裝）
1.育兒

428　　　　　　　　　　　　　　　　　　　　101007759

Grow-Up　008

0-2歲寶寶想表達什麼？

Understanding your baby
Understanding your one-year-old
Understanding your two-year-old

作者—蘇菲‧波斯威爾（Sophie Boswell），莎拉‧瓊斯（Sarah Gustavus Jones）
　　　麗莎‧米勒（Lisa Miller）
譯者—林苑珊　審閱—林怡青

出版者—心靈工坊文化事業股份有限公司
發行人—王浩威　總編輯—王桂花
特約編輯—謝碧卿　美術設計—黃玉敏
通訊地址—106台北市信義路四段53巷8號2樓
郵政劃撥—19546215　戶名—心靈工坊文化事業股份有限公司
電話—02）2702-9186　傳真—02）2702-9286
Email—service@psygarden.com.tw　網址—www.psygarden.com.tw

製版‧印刷—彩峰造藝印象股份有限公司
總經銷—大和書報圖書股份有限公司
電話—02）8990-2588　傳真—02）2990-1658
通訊地址—241台北縣新莊市五工五路2號(五股工業區)
初版一刷—2012年5月
初版七刷—2020年12月　定價—320元

心靈工坊 PsyGarden **書香家族 讀友卡**

感謝您購買心靈工坊的叢書,為了加強對您的服務,請您詳填本卡,
直接投入郵筒(免貼郵票)或傳真,我們會珍視您的意見,
並提供您最新的活動訊息,共同以書會友,追求身心靈的創意與成長。

書系編號—GU 008　　　　　　　　書名—0-2歲寶寶想表達什麼?

姓名＿＿＿＿＿＿＿＿　是否已加入書香家族? □是　□現在加入

電話(O)＿＿＿＿＿(H)＿＿＿＿手機＿＿＿＿

E-mail＿＿＿＿　生日　年　月　日

地址 □□□＿＿＿＿＿＿＿＿＿＿＿

服務機構(就讀學校)＿＿＿＿　職稱(系所)＿＿＿

您的性別—□1.女 □2.男 □3.其他

婚姻狀況—□1.未婚□2.已婚□3.離婚□4.不婚□5.同志□6.喪偶□7.分居

請問您如何得知這本書?

□1.書店 □2.報章雜誌 □3.廣播電視 □4.親友推介 □5.心靈工坊書訊

□6.廣告DM □7.心靈工坊網站 □8.其他網路媒體 □9.其他

您購買本書的方式?

□1.書店 □2.劃撥郵購 □3.團體訂購 □4.網路訂購 □5.其他

您對本書的意見?

封面設計	□1.須再改進	□2.尚可	□3.滿意	□4.非常滿意
版面編排	□1.須再改進	□2.尚可	□3.滿意	□4.非常滿意
內容	□1.須再改進	□2.尚可	□3.滿意	□4.非常滿意
文筆/翻譯	□1.須再改進	□2.尚可	□3.滿意	□4.非常滿意
價格	□1.須再改進	□2.尚可	□3.滿意	□4.非常滿意

您對我們有何建議?

＿＿＿＿＿＿＿＿＿＿＿＿＿＿＿＿＿＿＿＿＿＿＿＿

＿＿＿＿＿＿＿＿＿＿＿＿＿＿＿＿＿＿＿＿＿＿＿＿

▲您的意見,我們將轉貼在心靈工坊網站上,www.psygarden.com.tw

廣　告　回　信
台北郵局登記證
台北廣字第1143號
免　貼　郵　票

10684 台北市信義路四段53巷8號2樓

讀者服務組　收

免　貼　郵　票　　　　　　　　（對折線）

加入心靈工坊書香家族會員
共享知識的盛宴，成長的喜悅

請寄回這張回函卡（免貼郵票），
您就成為心靈工坊的書香家族會員，您將可以──

隨時收到新書出版和活動訊息
‧‧‧‧‧‧‧‧‧‧‧‧‧‧‧‧‧‧‧‧‧‧‧‧
獲得各項回饋和優惠方案
‧‧‧‧‧‧‧‧‧‧‧‧‧‧‧‧‧‧‧‧‧‧‧‧